廣告心理學

消費者洞察觀點

◎作者—許安琪

The Psychology of Advertising

序

　　開始著手進行此書，腦中浮現大學時代廣告的啓蒙課程——「廣告心理學」。猶記得授課老師找不到任何教科書，就以其心理學本科的背景與廣告人的熱情，開啓我對廣告的追求，而現在的我一樣，希望以成熟的教學經歷和生命體會，完成這本書來啓發學生。

　　回首講授「廣告心理學」已邁入第二十七個年頭，每次講述的過程好像都在拉岡的「鏡像理論」中凝視自己（精神分析學派）、檢視自己（行為主義學派）、瞭解自己（認知心理學派），進而接受自己與自己共好（人本主義學派）。這就是一趟自我洞察的旅程，惟有讀懂自己，才有能力閱讀別人（書中提及我思故我在的人本觀就是先愛自己，才有能力愛別人，才能愛地球）。

　　現在倘佯與悠遊在廣告心理學的浩瀚中，我發現自己的日常身分可以是發起者、購買者、決定者、影響者或是使用者的自由，因為心理學的目的只在認識自己，廣告心理學終究旨在廣告中看到自己消費的過往。

許安琪　謹識

2020夏天再一次消費自己

目　錄

CHAPTER 1

廣告始終來自人性

廣告已非廣告。

過去廣告的定義由兩個權威機構闡釋，其一爲美國廣告主協會（American Advertising Agency Association, 4A），其對廣告下的定義是：

廣告是付費的大眾傳播，其最終目的是傳遞信息，改變人們對廣告商品或事項的態度，誘發其行動而使廣告主獲得利益。

另一則是美國行銷協會（American Marketing Association, AMA），認爲：

所謂廣告，是由被確認的廣告主，在付費的原則下，所進行的觀念、商品或勞務，非人員的提示以及促進銷售的活動。

然而，隨著媒體多元與零細化、消費者的多螢與多工訊息的接收等趨勢變化，廣告已經無法如上述定義所述，包括付費、大眾傳播（媒體）、被確認（明示的）廣告主等，這些以「廣告主（企業主）」爲主的廣告意識，取而代之的應是「消費者爲王」（consumer is a king）的心理洞察（consumer insight and inside）。

第一節　趨勢所趨的消費者洞察

奧美國際（O&M）在二十世紀九〇年代初提出了「品牌管家」（Brand Stewardship）的管理思想。「品牌管家」意味著理解消費者對產品的感受，並將之轉化爲消費者與品牌之間的關係。到二十世紀九〇年代中期，隨著整合行銷傳播（IMC）觀念的風行，奧美又提出「360度品牌管理」。360度品牌管理強調在「品牌與消費者的每一個接觸點」上實行傳播管理。另一家智威湯遜創始於1864年，是

全球第一家廣告公司〔台灣於2019年更名為偉門智威（Wunderman Thompson）〕，該公司TTI（Time, Tension & Ideas）品牌規劃工具與創意發展系統，建立了一個品牌的背後巧妙的工程思維。尤其是特別提出了「洞察」的觀點，強調並不單指滿足人心中的需要，更重要的是要解決「需要」彼此之間的衝突。當品牌與產品能提供解決方案，便能進一步發展出品牌的意念，成為消費者熱愛的品牌。

　　兩家4A廣告公司的組織管理與客戶服務的理念皆以「人」為本，即「消費者」為核心，可以想見廣告訊息的傳遞從閱聽眾（消費者）開始，也以其為終。廣告內容才能滿足需要（need）、創造需求（want）。

　　而企業主也不再只專注於產品研發，行銷4P自1960年代Pilip Kolter提出迄今，已經成為理所當然的思考。但每年觀察趨勢變化更成為現代顯學，也紛紛投入研究和調查經費。例如熟齡議題，根據調查八大橘色商機帶動台灣2019年三兆元的消費力，包括科技、在地服務（居家關懷等）、網路購物、交友結伴、終身學習等。同時又區隔為橘色（五十至六十五歲）與銀色（六十五歲以上）市場商機，就可嗅出「消費者才是王道」的洞察力。

廣告企劃流程（前置部分）

　　過去，我們所熟悉的廣告企劃流程依序為消費者分析、情境分析（包括市場分析和產業分析）、競爭者分析、制定廣告目標、制定行銷溝通目標、編列預算、設定廣告與創意策略、執行廣告表現與媒體計畫、效益評估等九項（**圖1-1**）。然而，現今企劃流程不但在情境分析中以消費者分析開始，也在這些步驟中著重消費者互動之因素。本節先討論前三項，下一節再討論後面六項。

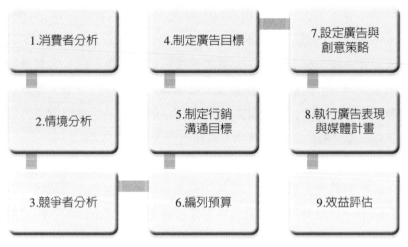

図1-1　消費者導向之廣告企劃流程

(一)消費者分析

　　相較於過去以市場和產業資訊為優先考量之情境分析，今以消費者資料庫導向為關鍵。主要以市場和消費者之間的情況，包括人口統計（性別、年齡、收入、居住地區等）、心理統計變項（AIO, 消費者從事之活動、興趣與意見態度等），以及消費者價值觀（包括社會文化、經濟和政治規範等）等，這些攸關市場區隔和消費者研究所提供具有價值的洞察報告適用於情境分析。因為這些變項趨勢是重要的情境因素。

　　其中，消費者相關議題如文化、次文化和跨文化等關聯性之考量日趨重要，例如全球品牌跨國經營策略進行時，如不自覺以自我參照標準（Self Reference Context, SRC）之概念，即以原國家之文化價值、經驗和知識形成決策偏見，而非先洞察在地消費者，並以跨文化觀點調整策略，極容易造成進入障礙。

(二)情境（產業與市場）分析

　　產業分析聚焦在整個產業內的發展和**趨勢**，包含供應－需求平衡的供應方（企業主或廣告主）。值得思考的是，當廣告過度刺激需求時，供應方卻無法配合，結果是造成消費者不滿足或不悅，而產生負面口碑效應。例如義美食品要在產業競爭中做產業分析時，就必注意現在食品和其他相關的產業**趨勢**，就會自動形成產業的規模和方向。

　　市場分析則是先問廣告主需要決定由哪一種產品種類要打入什麼樣的市場，而非僅關注現有使用者，忽略了消費者可能藉由生活型態、人口統計、科技、文化或態度改變而進入不同的市場類別。現今取而代之的分析方式是開始檢視現有產品種類使用者，消費者形成與使用因素等，以及決定市場規模的大小。廣告主在市場上的工作是去發現市場形成最重要的因素，和這些因素對整體市場的需求產生可能的影響，假如是文化因素像是科技的改變或是潮流時尚影響需求時，就必須要在市場分析中加以解釋，此舉也涵蓋消費者分析的部分。

(三)競爭分析

　　廣告主針對競爭者探討他們的優勢、劣勢、機會趨勢和威脅，但不可對於現在的競爭者自我設限，也應該考慮到不同產業的潛在競爭者或是新品牌，以及可能會吸引目標對象等，以使競爭激烈多變的市場中，對消費者動態變化趨勢更應保持有彈性且真實廣告計畫。

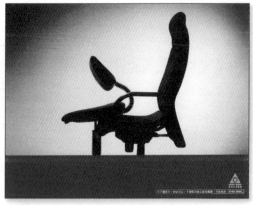

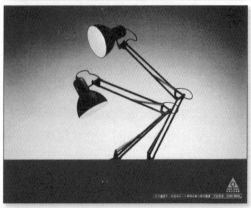

辦公室性騷擾求助服務——椅子篇／檯燈篇／滑鼠篇

資料來源：第二十五屆時報廣告金像獎平面得獎作品集

 第二節　用廣告讀懂消費者的心理

　　消費者、情境和競爭分析，是完成消費者資料庫內容之幕僚前置工程，接續進入執行面，包括目標制定、預算、策略與表現、效益評估之廣告實踐。如何用廣告「秒懂或秒殺」消費者的心，執行是關鍵。

廣告企劃流程（執行部分）

(一)制定廣告目標

　　廣告目標是廣告主在廣告活動中用以驗證效果。廣告目標與行銷目標不同，廣告目標期望在訊息上做努力，它是溝通目標而不是銷售目標。常見具體廣告目標設定有七項，包括增強消費者對本品牌的意識和好奇心、改變消費者對本品牌的信念和態度、影響消費者和潛在消費者的購買意願、刺激消費者對本品牌的體驗使用、引導消費者進入重複購買、轉換消費者從競品至本品牌、增加銷售量。

　　其中，改變信念和態度是提供更多資訊，或是建議消費者到特定地點尋求更多訊息，例如常見的「更多資訊，請至各大藥房洽詢藥師」或是「請遵醫囑服用，或諮詢醫師」等廣告文案。而試用（trail usage）也會影響現有或潛在消費者購買意願，通常也會被使用做為廣告的目標，也會刺激對商品的體驗和使用。

　　此外，促銷組合也可能影響消費者轉換品牌使用機率，尤其是低涉入（low involvement）商品。所以，當設定品牌轉換目標時，廣告主勿因短期效果而產生偏誤，說服消費者轉換品牌需長期經營。

可見，廣告目標制定皆以消費者攸關為主體。

(二)制定行銷溝通目標

廣告負有創造品牌知名度、溝通品牌形象、建立喜好與忠誠等任務。消費者每天接收數以萬計的訊息，如何以整合行銷溝通的方式，針對訊息設計、媒體選擇、公關活動或其他行銷傳播計畫來驅動消費者，最終達成銷售，發揮綜效，是當務之急。

制定此目標須注意三件事：一為建立數量化且可測量之目標陳述，例如「產品之重度使用者，市場佔有率從百分之二十二，增加到百分之二十五」；其二為訂定明確測量方法和達成標準，例如要增強消費者知覺，就要去改變消費者知覺，這就是合理且成功的衡量方法；最後，確立一個明確且可準確判斷效果的時間表，例如測量消費者回應頻率或銷售量，應該評估整個計畫進行過程之內涵與時間。

(三)編列預算

常用之預算編列法有四種：銷售百分比法、競爭者比較法、廣告與銷售回應法，以及目標任務法。

銷售百分比方法指預算編列要計算前一年或預期的銷售量，此法較容易執行，因為只要確定去年或今年估計銷售量百分比，分配在廣告執行過程中即可。以美國為例，整合行銷傳播計畫中的廣告預算，依照產品類別的銷售量差異，通常是在百分之二到百分之十二之間最常見。然而此法的變數是現在的花費都根據以往的「歷史花費的水準」上，缺乏即時市場因應之彈性。

當新產品進入市場時，則會使用競爭者比較法。例如第一年預估達成之產品市場佔有率，換做是以廣告佔有率的支出通常是二點五到四倍。此法又稱為廣告或市場占有率法，即提供廣告主廣告量佔有率

或市場上廣告出現的情況，可以監督不同的競爭者在廣告預算的使用和分配之情況，或競爭者現有市場佔有率等資訊。

　　廣告與銷售回應法常用於預算充足之大型企業，此法關注在廣告和產品銷售有關的資金數學關係，從過去廣告延伸對未來銷售的預測，這個方法是有價值的，因利用邊際效益分析，廣告主可以繼續在廣告上支出，只要邊際支出不要超過邊際銷售，邊際效益分析可以給廣告主問題的答案──「如果在廣告上額外的支出，可以在銷售上增加多少？」。

　　目標任務法是聚焦於廣告支出與整合行銷傳播計畫之預算編列，目標－任務一開始即陳述廣告活動的目標，目標必須與生產成本、設定之目標對象、訊息效果、行為效果、媒體通路、廣告活動持續時間等有關。廣告預算經過這些特定任務項目驗證，完成不同面向的廣告目標，才能完成廣告預算。過程中可以建議或協調，例如發現欲達成目標之預算總金額超過公司的能力，重新協調時，至少要去驗證所編列的預算。

(四)設定廣告與創意策略

　　策略是達成目標的方法，是行動的設計，如何運用在廣告和創意，甚至包含全面性的廣告計畫。因此，廣告策略的四大重點為：(1)目標；(2)目標閱聽眾；(3)問題界定；(4)產品定位。有效的廣告包含藝術與紀律，藝術指的是文案、設計、創意訊息；而紀律則是策略、邏輯思考問題與提供解決的訊息。

　　策略是製碼或訊息設計背後的思考與邏輯。策略的訊息意味著對正確的人說正確的事。設定廣告與創意策略應該奠基於三個以消費者溝通為基礎的思考點上：(1)該說什麼（Who to talk to "targeting"）；(2)該怎麼說（What to say to them "message planning"）；(3)如何觸

達到目標（How to reach them "media planning"）。觸達的目標是媒體規劃（media planner）與媒體購買人員（media buyer）所扮演的角色。

(五)執行廣告表現與媒體計畫

整合投入綜效產出是所有整合行銷傳播完美的期待與成果。其中廣告計畫有兩項要素：執行廣告表現和媒體計畫。前者是如何將策略透過文字或視覺等呈現並經由網路、手機、戶外（後者）等媒體傳遞給閱聽眾。

媒體計畫是確認廣告將被放置的地方，和在這背後的廣告策略，在整合溝通的環境中，現今是媒體爆炸和促銷選擇的時代，這些複雜且需精準的排列方式是必要的。媒體規劃所費不貲，但也可樽節預算，但重要在於更準確且正確的訊息和即時傳遞，以及更有效率地控制媒體成本。

(六)效益評估

有效的廣告必須是引人注意（stopping power）、使人感興趣（holding power），以及記憶（sticking power）。廣告必須幫助連結以及理解，具有說服性的廣告是信任的並且轉移到產品上。而廣告計畫中評估是重要且持續的要素，這也是廣告主決定如何測量廣告計畫和整合廣告行銷活動的結果。評估廣告和整合廣告行銷活動的指標是依照所設定目標、創意和媒體選擇而有不同，也可以是代理商運用表現績效的標準和達成雙方同意的目標。

簡言之，廣告主或企業主的壓力是要在短期內獲利且持續增加，廣告代理商發現他們自己也在逐漸增強的壓力下，展現出所有廣告和整合廣告行銷活動的滿意和有質量的結果。

廣告與廣告相關

廣告不僅僅是廣告，對廣告與其相關領域的認識是現代每一個有志從事廣告、傳播或行銷人入門之先備基礎，包括心理學、社會學、社會心理學、人類學、符號學和傳播等人文社會科學。

心理學是研究人的行為，消費者是廣告溝通的主體，洞察消費者則是透過觀察與記錄行為，並探索他們行為背後的問題。例如舒跑運動飲料以「補充流失後的水分」產品利益點切入市場，觀察飲用者時機就從運動、感冒發燒、泡湯等行為擴散，創造常銷佳績。

社會學是研究人在環境中的行為，消費者同時扮演多重角色，是生產者（producer）、創用者（prosumer）、使用者（user）和購買者（buyer）等，同時也因角色而產生不同行為，例如時下部落客和網紅都會是創用者，兼具創造內容與使用內容的任務，也使用和消費。

社會心理學是研究人與人在環境中互動的行為，消費者從眾行為為最佳事例，網路口碑與意見領袖造成的跟風型購買就是社會學現象。

人類學是研究人在環境中儀式化的行為，元宵節吃湯圓、中秋節烤肉、聖誕節和情人節送禮物祝福等，似乎已成為我們消費生活中的儀式。是節慶影響我們的行為，還是廣告和行銷塑造我們的行為，都是拜人類學研究所賜。

符號充滿在我們的生活之中，便於人類透過有形或無形的象徵進行連結而產生行為。品牌就是符號的表徵，所屬的語言學也在廣告文本當中，Nike的打勾勾符號和 "just do it." 的標語，都激勵著消費者不但要做自己、努力生活，也要「努力買」。麥當勞的金拱門符號和「歡聚歡笑的每一天」，讓大人小孩都享受團聚的美好。廣告訊息設計無論是語言與非語言，都具有符號的影響力。

傳播學，廣告是大眾傳播的一種形式，但較複雜且直接。傳播模式重要的元素（消息來源、製碼、訊息、通道、噪音、解碼、接收者、回饋）與廣告溝通過程一般。而廣告傳播最大的問題在於訊息目標對象的獨立性及自主性，這是廣告最困難的部分，問題就在於廣告人無法或很難控制消費者的態度和行為。也正是廣告需透過心理學等相關研究，學習與消費者對話的原因。

表1-1　廣告與廣告相關領域

領域	研究標的	與廣告相關意涵
心理學	研究人的行為	洞察消費者行為是廣告的起始點
社會學	人在環境中的行為	消費者扮演多重角色與多樣行為，分眾之廣告訴求
社會心理學	人與人在環境中互動的行為	消費者從眾行為，網路口碑與意見領袖之效果
人類學	人在環境中儀式化的行為	消費者生活樣態與形式就是儀式，創造有意義的連結即為廣告
符號和語言學	有形或無形的象徵，便於人類溝通連結而產生行為	品牌訊息設計與溝通，是廣告基礎
傳播學	訊息傳遞的過程	與消費者對話，溝通與說服

廣告是與消費者的對話

廣告是一種溝通行為，藉由各種方式吸引消費者注意、提供資訊，並且鼓勵購買、試用等。同時，廣告也是有計畫的說服，呈現的方式也是多元的。我們可藉由廣告大師大衛奧格威（David Ogilvy）對於廣告概念的描述，一窺其原貌：想像鄰座的美女希望我提供購買訊息給她，我總是給他事實，但，以更具吸引力和個人色彩的方式，將產品或服務的訊息客製化──一切只為你。

廣告，無論如何改變，來自人性是不變的。

想家了嗎？

離鄉背井
遠赴異地
只為了多掙些錢
夜晚總是孤單
牛頭牌
陪你度過每個思念的夜

想家了嗎？

離鄉背井
遠赴異地
只為了多掙些義
夜晚總是孤單
牛頭牌
陪你度過每個思念的夜

牛頭牌沙茶醬系列商品——想家了嗎？

資料來源：第二十七屆時報金犢獎

CHAPTER 2

精神分析學派的購買本能

精神分析學者：＃佛洛伊德　＃榮格

重點標示：＃本能　＃潛意識　＃消費者洞察　＃FCB　＃原型人格
　　　　　＃品牌

精神分析大師為佛洛伊德，認為人的行為來自本能（性與攻擊），
外在的行為看不出人格冰山下的潛意識，
唯有藉助消費者洞察，進行動機研究與FCB策略，
因為我們的消費行為藉由品牌，透露了原型人格。

　　「衣櫃裏永遠少一件衣服」、「寧可買錯，不能放過」等這些經典的廣告文案，是消費者內心潛意識的投射，也是勾引出我們購買行為的本能。

　　越來越多的女性以消費時尚精品和美容保養品所帶來的快感取代愛情。一如「慾望城市」的女主角，對她們而言，一雙Jimmy Choo的高跟鞋可能遠比一個男人重要，與其尋尋覓覓Mr. Right，不如發揮「愛自己」的女性自戀精神。然而投身時尚美容或購物狂潮中的女性，究竟是比過去的女性更獨立、更懂得自得其樂，還是背後隱藏著歇斯底里的焦慮？現今許多行銷工作者試圖跨入心理學基礎，從佛洛伊德（Sigmund Freud）和拉岡（Jacques-Marie-Émile Lacan）等學者的精神分析切入自戀女性更深層的結構，也許更可以一窺究竟。

　　相對於自戀的女性，佛洛伊德也針對許多文學作品分析男性的壓抑。到底男性壓抑的徵狀為何？父權社會對於男性的成就地位有許多期許，同時男性是否會視（女）性的吸引力為一種危險，認為（女）性會妨礙其追求成功？追求成功是否必須以壓抑為代價？潛意識，是否是男人潛藏心中的「梗」，引發好奇。這些外顯行為的內在心理，都得從佛洛伊德的精神分析學派談起。

 # 第一節　本能論：行為源自本能

　　所有的行為在佛洛伊德的觀點中都是「單純而不複雜的」，不需太多的解釋與複雜的揣測，在他的眼中，人的行為都源自於「本能」。人類行為背後的動機，一言以蔽之，就是「本能」。

本能：生與死

　　人類的行為是所謂「目標導向」（goal-oriented），而動機是達成此目標的催化劑，且為本能所趨使，佛洛伊德認為人的行為（動機）受生與死兩種本能所影響，生存是人之天性而表現至高境界為延續生命，即為「性」的本能；而死亦為自然之演變，而極小化行為轉為「攻擊」傾向。廣告表現中引起話題、吸引注意的「性訴求」，即此概念之詮釋。男性補品或藥酒商品廣告，如「大鵰」、「真益大」等品牌以性或女性性感身體等為主題，都是藉人類的本能出發，訴求的目標對象多為男性消費者。而恐怖訴求的廣告表現則是透過刺激或喚起「死或攻擊」的本能，例如安泰人壽的「死神隨時會降臨」的黑色幽默式廣告，提醒人可以藉由保險防患於未然，易於引發消費動機。

　　上述透過廣告或生活行為等來表達、替代或轉移我們內在的心理現象，是來自於一種本能（里比多，libido）（也是「神經衝動起源於性慾」的概念），當本能大於阻力，則會產生矛盾。精神分析學派所談的人格系統是基於本能或內在驅力，以libido形式表現出來。生存本能表現為推動和創造；死亡本能表現為向內針對自我毀滅，向外進行攻擊和破壞。

　　本能解釋行為，看似簡單卻有著佛洛伊德生命故事與一生研究的精采貢獻。要瞭解精神分析學派的開始、發展與影響，就必須先認識這位心理學大師。

心理學大師：佛洛伊德

佛洛伊德（1856~1939），這個充滿傳奇性的猶太人開啓了心理學的典範基礎，也啓蒙和激盪後世心理學派研究的蓬勃發展。

十九世紀末期這位出生於奧地利帝國弗萊堡（今屬捷克）的精神科醫師創立精神分析論。他與馬克思、愛因斯坦被讚譽為是近百年三個最偉大猶太人。

戀母情結的佛洛伊德

佛洛伊德四歲時舉家遷居維也納，在那裏生活了將近八十年。個性單純且固執的父親是個不得志的毛織品商人，佛洛伊德遺傳其單純性格，表現在他的思考方式，傾向將複雜的事件還原到單純化結構，也造就了整個精神分析學說的基本想法──將複雜的精神現象分析成簡單的潛意識性動力，也就是本能說。

他出生時，父親已經是四十歲。母親是父親的第二任妻子，當時才二十歲，佛洛伊德是他母親所生的六個孩子中的第一個。父親的第一任妻子生了兩個兒子，當佛洛伊德出生時，父親同時也當了祖父。保守的母親篤信猶太教，忠於耶和華，遵守《舊約聖經》的道德宗教，包括飲食戒律、男人割禮等。雖是母系的猶太家庭但父親的專橫卻讓母親卑微一生，佛洛伊德與母親關係緊密，讓他生起「仇父戀母」的「伊底帕斯情結」（註一），不但對他成長歷程甚或後來的精神分析學說皆產生重大的影響。

學業與愛情

佛洛伊德擁有猶太人天資聰穎的特質，精通五國語言。十六歲那年進入維也納大學醫學院（當時他自覺竟然對同父異母哥哥的女兒吉夏

拉想入非非，後來引發他對性心理發展等相關的研究），花了近八年的時間，完成四年的醫學和科學研究課程，因此他發現了許多醫學之外的興趣和愛好。十七歲那年，哲學課受到布連坦諾老師的影響，對心理學產生消極的想法，開始討厭音樂和唸書。十九歲，受到布呂克教授影響（當時擔任生理實驗助手），時值達爾文證明「動植物之物種非永恆，而是變動的」，非創造行動或突然變化之概念的結果。

　　雖然行醫是當時在奧地利猶太人可供選擇的幾種職業之一，但他從未視醫學為真正的職業，而只是把醫學作為從事科學研究的一種手段。直到1881年才開始私人開業，擔任臨床神經專科醫生。隔年佛洛伊德與馬莎訂了婚，直到1886年才完婚。在訂婚的五年間，佛洛伊德給她未婚妻寫了四百多封信。我們可從書信往返內容中，一窺佛洛伊德在文學與愛情領域中唯美造詣：「美麗只能維持幾年，我們卻得一生生活在一起，一旦青春的鮮豔過去，則唯一美麗的東西，就是存在內心所表現出來的善良和瞭解上。」後來他們白頭偕老，生有三男三女，女兒安娜後來也成為著名的心理學家。

精神分析的開始：催眠與夢

　　佛洛伊德對精神分析的興趣是在1884年與布洛伊醫生合作期間開始的。他使佛洛伊德學會用新方法治療歇斯底里症。在這之前一般認為歇斯底里症是女性特有的紊亂症（Hysterin在希臘文是子宮的意思），布洛伊採用新方法稱「宣洩法」（Talking out），當布洛伊用該法治療一個匿名為安娜的二十一歲女病人，她因受到激勵而表達出其感情和情緒，一些病狀也就隨之暫時或永久地消失。由於安娜病情的好轉，是因為她坦率地表現自己的感情，因此吸引布洛伊在此後一年多的時間裏幾乎每天都花幾個小時去探望她。由於移情作用，兩人彼此之間產生深厚的感情，布洛伊的婚姻受到威脅而他決定停止對安娜的治療，致使安娜受到

強烈刺激而突然暴發歇斯底里分娩症。對此，布洛伊只好攜妻逃離維也納，並將其轉移給佛洛伊德。1885年，他在法國從沙可醫師學習催眠治療法。佛洛伊德追隨沙可學習，目睹沙可的催眠威力，對佛洛伊德造成很大的影響，開始運用「催眠」在治療精神病患（這也包括了歇斯底里病患可以「電療法」安定再進行催眠治療），同時也開啟「夢」的研究，他提出「有機體有規律發展的觀點」，認為所有人的精神活動是有規律的，夢也有規律可循。

少女杜拉：夢的解析

1897年，佛洛伊德創立了具有深遠影響的自我分析法，認為心理障礙是由於「性緊張」累積而引起的。進行自我分析的主要方法是對自己的夢進行解析，這種分析結果導致1900年《夢的解析》一書的出版。這本書現在被許多人推崇為佛洛伊德最偉大的著作，但是當時這本書遭到許多的批評，出版後的八年間只售出600本，而佛洛伊德只獲得209美元的稿費。隨著《夢的解析》一書的問世，精神分析的運動逐漸發展起來。佛洛伊德結合了一批年輕的學者——阿德勒、蘭德和楊格，成立維也納精神分析學會，每星期討論小組（或稱為精神分析小組）研討神經官能症問題。1905年佛洛伊德出版了《性學三論》，1909年受美國克拉克大學校長霍爾之邀，佛洛伊德及其弟子赴克拉克大學舉辦系列講座，使他終於獲得國際上的承認，同時也被授予榮譽博士學位。然而，此時精神分析小組內部出現了裂痕，主要原因是阿德勒、蘭德、楊格等人逐漸發展了他們自己的理論和風格，於是原先的精神分析小組因衝突和爭論而瓦解。蘭德先被開除出佛洛伊德圈子，阿德勒於1911年離開，1914年楊格也與佛洛伊德分道揚鑣。

佛洛伊德的巨著《夢的解析》不僅探索令人迷惑的夢境及夢形成的各種複雜機轉，也探究內心深處的潛意識運作、構成和模式，對所謂

「原始」和「次級」心理機轉所做的詳盡研究，對心理學發展影響甚鉅。其中較重要的有潛抑、濃縮、轉移、轉送和次級經營，經由這些方法可使無法接受的欲望、傾向或衝動，得到間接的滿足。這個掩飾欲望的理論（防衛機轉，後面章節提及）可說是佛洛伊德對心理學最有價值的貢獻，他這種動態的觀念取代了古老的心理學論點。

「性學大師」佛洛伊德

佛洛伊德把人的一切問題，都歸因為「性」的問題。「性」是佛洛伊德精神分析理論的基石。「性」是決定我們思想、感覺、行動的唯一最具威力的力量，在個人與社會皆是如此。佛洛伊德非常關注「神經性」行為，他探索無意識的變化，希望公開無意識中壓抑的慾望（通常是性欲）或是恐懼，並對其進行處理。這也是精神分析最具爭議的部分。但是，兒時的經驗會影響成人行為，以及「性」是一種驅力等觀念似乎已被普遍接受。「性」的感覺（廣義的性）可以追溯到搖籃時代，嬰兒從自己口腔、眼睛、雙手、皮膚及身上每一個部分得到的感覺都非常好奇。在每個人身上，所有被潛抑的性慾、性記憶及性偏愛都被保留和隱藏在潛意識中。潛抑的性感覺以社會允許的偽裝形式反抗著，並時而浮現在日常生活表面，並藉著許多方法進行，如藝術、神話、穿著、文學等。

生命的經驗交融著幻想、情感、熱情和想像，以及嚴謹的理性思考，如果心理學只能告訴我們男人和女人會對什麼有反應，而不談他們的想法或感受，或是所承受的情感衝突，那麼心理學就流於沉悶與貧乏。與佛洛伊德背景相仿的藝術大師克林姆（Gvstav Klimt），1862年7月14日維也納出生，其分離主義、性愛和頹廢派（Decadent Art）畫風，源自於個人經驗從文化所產生的懷疑與問題而尋找出來的，經由不斷地檢討和探索，將性衝動、色情傾向（eroticism）和女性軀體大量展現在廣

告和壁畫，甚或浴室瓷磚之商業行銷中（註二）。

佛洛伊德也廣泛地誇大「性」的概念。他主張把與性無關的事物也含有性的成分。例如，把接吻視為性的一種，因為他認為接吻不屬於性器，但是卻會間接導致性器的興奮，所以是性的；性器不發達的孩童，口唇的興奮，雖然不能性器興奮，卻依然被看作是性。再者，性不僅是異性間的愛情與同性愛，還把它擴大對雙親的愛情，把父母親當作是性的對象，幼童時期對母親的愛情也看成是性的，連與性無關的愛情都看作是性的。更甚為之的是，人也把自己也看成是性的對象，所以連自尊心都看成是性的。這是希臘神話水中看自我映像，稱做「自戀」（註三），這與自我色情不同，是一種精神上的愛情。這與柏拉圖的《回想論》中提及虛幻性理論等於或大於精神回憶的概念有異曲同工之妙。

　　精神分析不但是現代心理學中影響最鉅大的理論之一，也是本世紀影響人類文化最大的理論之一。其精髓乃透過兒時與成長歷程的回憶，檢視和探索自我發展背後的軌跡，不管是從生理或心理，讓心理學找到一個生活化的出口與平易近人的自我檢閱，也回歸生命科學的基本面，開啓所有心理學研究的典範，佛洛伊德被尊為心理學大師實至名歸。

　　透過佛洛伊德，才能意識到原來常駐心中的潛意識力量，真正收買了我們的心！

Toshiba電視——街頭篇

資料來源：第二十五屆時報廣告金像獎平面得獎作品集

第二節　冰山理論：潛意識的力量

　　「認真的女人最美麗」，所以女人辛苦工作後就要好好犒賞自己；「好險，有南山」，想要保險就想到可以選擇南山；「一把抵兩把，何須瑪利亞」，拖地要乾淨就找「3M的瑪麗亞拖把」……這些廣告標語（slogan）鋪天蓋地，狂掃我們視聽，消費時不免產生「下意識」的反射，我們被催眠了嗎？

　　維吉尼亞（Virgnia Slim，slim有苗條之義，對女性隱喻）香菸於1970年代上市以來，廣告策略持續運用女性主義的訴求。一直到二十世紀初期，西方社會仍視吸菸為男性的專利，女性的禁忌。利用女性消費者對於性別角色與平等地位的期許，將性別意識收納為動人的商品訴求。女性在潛意識裏視香菸為自由象徵，燃上一根香菸好比點燃自由火炬（torches of freedom），可以抗議男性對於女性的支配與性別差異，並且增強對於性別解放的信心。由法國精神分析學者拉岡鏡像理論，我們似乎較易理解女性消費者渴望透過吸菸「儀式」，來完成她理想中具有自主性的進步女性。此廣告策略持著「品牌形象」的寶劍，促使年輕消費者易步入「消費＝追求進步意識」的迷思。透過廣告符號解讀的過程，消費者「發現」產品所投射出來的文化象徵與社會意義，並與自身的需求相連結，商品訴求中有效地運用「聯想」（association）。

　　運用聯想來影響思考，歷史悠久。亞里斯多德（Aristotle, 384-322 BC）曾提出三種引發聯想的關係，包括事物有相似性、事物有鄰近性、事物有強烈的對比，這也是現代廣告創意中經常使用的「創意聯想法」。而當心理學家談到聯想，指的是「聯想論」，也就是一個想法如何引發其他想法，這種「思考網絡」運用相關經驗的特殊連

結來主控思考，心理學史的研究者認爲「聯想主義」開啓了實驗心理學，而聯想論則影響行爲主義（後述於第四與五章）與佛洛伊德心理學派，前者大部分學習理論談的是刺激和反應之間的連結，而佛洛伊德則認爲無意識（unconscious）裝載了大量受壓抑聯想，左右我們思考。在廣告中品牌如何與某些元素產生聯想，如何影響品牌形象或選擇皆是潛意識的重點。

人人都有一座冰山

　　佛洛伊德對精神分析的領域提出許多觀念，其影響延續至今。包括無意識、潛意識和意識等字眼經常被我們引用在生活中，然而經常口語新聞中的「他的政治意識形態是什麼？」，以及過去台灣意識型態廣告公司爲司迪麥口香糖製作一系列成功的廣告作品，開創了一種新的廣告類型——「意識型態」風潮，「意識型態」到底是什麼？

　　精神分析著重於人類爲了達到某個目標而奮鬥時，無意識（unconscious）的內在衝突。無意識和潛意識或佛洛伊德所稱的前意識層次不同，後者是心理生活的層次，存在於意識的門檻之下，潛意識感知（subliminal perception）就是和這個層次有關。佛洛伊德的聲望，從1919～1939年一直處於頂峰狀態，在這一時期佛洛伊德發展了他的人格理論，即爲冰山理論。

　　意識、潛意識和前意識概念源於精神分析學派中著名的冰山理論。這是佛洛伊德在1896年所創關於心智模式（mental model）的觀念，心智模式的觀念可分爲三個階段，分別爲情緒創傷典範（affect trauma model）、地誌學典範（topographical model）、結構性典範（structural model）。在地誌學（又稱心理地形學）典範方面，佛洛伊德認爲其隱含的是空間概念，亦即不同的心理功能位於腦部不同的位置（或心智空間），此理論將人的心智區分爲三種不同的

意識層面，意識（conscious）、前意識（preconscious）和潛意識（subconscious）。他認為通往無意識的捷徑，就是透過夢的解析。同時，他也認為無意識的動機是最基本的動機。

冰山理論

冰山理論也是精神分析學派有關人格研究的部分（**圖2-1**），人格與精神狀態有如冰山一般，通常三分之一浮於平面的部分是人可感覺的意識狀態，意識（consciousness）為一個包括多種概念的集合名詞，其涵義係指個人運用感覺、知覺、思考和記憶等心力活動，對自己的身心狀態（內在）與環境中人、事、物變化（外在）的綜合覺察與認知，意即對於自己與環境認知的部分。像是一個龐大複雜的文件系統，內含有我們所知道的一切訊息、觀念和感覺，這些心理的文件隨著我們的意思附上適當的記號。在人的注意集中點上的心理過程都是意識的，可是意識只是整個心理系統中的一種浮面水平，它的主要功能是從人的心理能量活動中把那些先天的、獸性的本能或慾望排除掉。

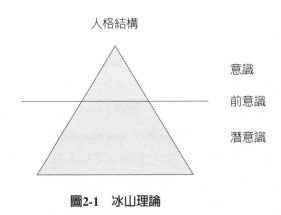

圖2-1　冰山理論

　　潛意識（subconscious），沉於水面下三分之二的部分則是不爲察覺，指潛隱意識層面之下的情感、慾望、恐懼等複雜經驗，因受意識控制與壓抑，致使個人不自覺的意識，是精神分析論重要的概念之一，人的身上最有影響力的部分，是精神分析的主要前提，藏有我們童年時大略的記憶與經驗，是我們早以爲忘記或不存在，包括了不被社會道德、法規所接受的內容，對特定事物的怨、恨、厭惡、喜愛及強烈慾望。例如過去的受創歷程，不能爲現實所容許的欲望、情感與思想，以及內心矛盾衝突與情結。

　　前意識又稱下意識 （preconscious），是介於意識與潛意識之間的一種意識層面，潛意識層面下自我壓抑的一些慾望或衝動，在浮現到意識層面之前，會先經過前意識。內部包含了潛意識中的衝動、慾望和感情，但它可以轉移到意識系統中，它考慮到本能，但又不允許充滿強烈心理能量的本能滲透到意識中去，前意識扮演「檢查者」角色，在本能朝向意識的道路上負責守門，目的在於保證一個適合於本能，又合乎道德規範和社會良知所構成的個人理想。

　　行銷活動中常見以「99、199元」之定價策略，運用前意識守門之原理，意即每個人的大腦中皆存在一個「界線或臨界值」，又稱爲「閾值」（threshold），所以我們會解讀訊息爲「未超過100元或200元」，進而產生購買決策。

「不知不覺」的購買嗎？

　　透過佛洛伊德的分析，我們可以理解人類心理的生成狀態，並且進一步知道潛意識在人類心理起多麼重大的作用。或許大多數幼兒時期的經驗被轉化成潛意識，不僅是因爲壓抑的因素，更重要是當時語言文字尚未對意識的形成產生重要的作用。進一步而言，就是因爲幼兒時期的人還不算是一個社會人，而人類社會對於幼兒的容忍度也

使得他得以依照本能的趨力形塑認同，但是隨著社會化的逐步開展，以及語言文字開始對意識的形成起了重要的作用，本能的趨力也被迫必須轉化成種種社會意識與觀念，特別是道德觀念。潛意識觀念的提出，在某種程度上是一種對理性思維主導一切的挑戰，或許佛洛伊德的這一段話可以爲這樣的挑戰下一個註腳：「如果精神分析迄今尚未表現出它對某些事情的讚賞態度……是因爲其走的是一條迄今尚未有人走過的特殊道路。而最後，當精神分析的思想達到這些目標時，事物的表現形式將會大不相同。」

當然，一般而言也有所謂的「不知不覺」，心理分析學家認爲那是深藏在內心的無意識（此即爲潛意識），透過婉轉巧妙的方式所做出來的結果。不知不覺是我們內心透澈清晰的意志所做出來的反應，那是意志最強而有力的象徵。當情感和意志相互違背時，意志便利用各種不同的巧技達到目的。

消費者洞察＝動機研究

把精神分析應用到行銷，焦點在於指出產品的無意識（潛意識）意義，一旦揭露就會透露出人們最深層的動機，而廣告就能發展訴求去碰觸購買者最深層的動機，這也就是現在一般廣告業界普遍使用的「消費者洞察」（consumer sight）技術。

佛洛伊德的心理學認爲，「理性」的意識，其實披著一層外衣，是由非理性的潛意識和理性折衷而來的。行銷上應用精神分析心理學，是由動機研究（motivation research）開啓，其重點在於發現附著於產品的潛意識意義，能夠讓廣告主和代理商設計能接觸到消費者最基本的動機訴求，佛洛伊德認爲意義對人類滿足很重要，但當下的意識卻模糊不清，而最重要的心理歷程都在無意識（其實是潛意識）中發生。他把無意識概念化爲動機的儲藏室，動機進入夢與幻想、口誤

及精神官能病徵。他注重無意識（潛意識），以及行為中「非理性」的要素，不過他研究無意識的方法是透過夢的詮釋，以及非結構式、自由聯想訪談。

因此通常藉催眠技術、早期經驗的回想和夢的解析等臨床上的技術，來對潛意識進行瞭解，也是動機調查之始，一般心理學家是以測量的方式來瞭解人類的動機，動機本身無法獨立觀察或依數據衡量而進行說明之，因為動機通常藉由個人目標達成的觀察，或是個人行動所產生的投射作用等綜合說明與分析之，屬質化調查（qualitative research）的部分。而消費者動機研究便借重這些心理學技巧，解釋消費者購買行為。例如筆者曾對消費者抽菸動機進行研究，調查結果認為抽菸是一種回歸現象，如同小孩吸吮大拇指的道理一樣。因此司迪麥口香糖以「成人奶嘴」作廣告訴求，有異曲同工之妙；萬寶路香菸成功的藉由美國牛仔的形象，與其品牌香菸作連結，原因是消費者抽菸的動機是增加男性粗獷、豪邁的象徵。

動機研究中常使用自由聯想。受試者可以自由地把自己的想法說出，以探討購買一項產品的象徵意義與隱藏動機。另一項做法是，訪談者可以運用投射法或結構法來詢問，這些方式是依循非指導性探測的設計，可導出無意識（潛意識）動機。在深度訪談中，則會要求個人回憶購買時的想法與行動。

另一方面，一般在廣告創意的評估方法，經常使用調查法。調查的方法一般分為質化（qualitative）和量化（quantitative）兩種。質化調查希望瞭解消費者的想法和感覺的分享，就是所謂的動機研究，包括投射技術與質化深訪兩種技術。以下分別說明。

(一)投射技術（Projective Techniques）

投射技術是藉由消費者對間接性問題的回答來瞭解心中真正的想

法，目的是瞭解潛在的感覺、態度、興趣、意見、需求和動機，例如提供一幅畫或一篇文字讓消費者說出感覺，或是試著引導他們置身於一個情境或經驗中，以投射的感受和經驗回答有關產品的問題。

投射法包括如羅夏測驗（Rorschach test）的墨漬測驗（inkblot test）、填句測驗、要求受訪者畫一人或房屋的圖像測驗，以及主題統覺測驗（thematic apperception test, TAT）等結構測驗。投射法的假設是，刺激越是模糊，那麼受試者就有越大的範圍能在答案中投射出眞正的動機與信仰。其中主題統覺測驗最爲常用，也就是受試者根據某種素描或圖像編出一個故事，方法是出示圖像給受試者，這圖中有置入商品，詢問受試者圖中人物心裏在想什麼，並讓受試者盡量自由回答。焦點訪談（Focus Group depth-interview, FGD）則經常以投射法運用於行銷或廣告領域，常見的投射技術有下列四種：

1. 連結測試（Association Test）：提示或告知受試者品牌名稱或是商標後，再由他們發表看後或聽後所產生的感覺或聯想。此測試可以提供文案人員達到兩種目的：避免不適當或負面聯想的產品名稱或商標，進一步測試出最佳的產品名稱和商標。

2. 句子或圖片完成法（Sentence or Picture Completion）：由研究者讓受試者看一幅未完成的圖片或是一句未完成的話，由受試者完成剩下的部分。例如，想知道華航公司的廣告旁白是否有效，請受試完成下列句子：「相逢自是有緣，＿＿＿＿＿＿」。受試者如能完整回答「華航以客爲尊」，則此文案有印象或記憶效果。

3. 對話法（Dialogue Balloons）：提供類似漫畫的圖畫給受試者看，請他們填入主角的對話內容，在對話中多半來自受試者的感覺和經驗的投射，因此可從中瞭解其內在的想法或是類似的經驗。

4.故事完成法（Story Construction）：請受試者描述一幅畫或是一個場景的故事。例如可以問畫中主角的個性為何，他們正在作什麼，在此情景下他們開什麼車或是往哪裏去等問題，在各式的描述中通常會陳述出其過去的經驗或是事務的看法。

(二)質化深訪（Intensive Techniques）

質化研究透過直接詢問，瞭解受試者深度的感覺、態度和信念。典型的方法包含深度訪談和焦點團體。

1.深度訪談（in-depth interview）：使用謹慎有計劃，但結構彈性的問題來探測受試者深刻的感覺。

2.焦點團體（FGD）：一般焦點團體聚集三到十名參與者或受訪者，最多不超過十二人。針對產品或品牌進行開放式討論。藉由消費者或是訊息的目標對象和專業主持人之間的談話，在腦力激盪中發現一些新資訊。通常好的主持人可以讓受訪者在輕鬆的情況下，分享他們的經驗和意見，而得到更多的資訊，例如化妝品牌SKII由此得到熟齡婦女最在意的問題是「臉上的細紋被看到」，或是「別人靠近一點看見臉上的細紋」，從中獲得消費者關心之問題，作成旁白的文案「你在看我嗎？」「你可以再靠近一點」。這些受試者首先會被問及一些普通的問題，接下來一步一步進入有關品牌或商品的相關問題，以利獲得寶貴且深入的資訊。

在消費者洞察外輔以量化調查，蒐集量化資料的三種基本方法：觀察法（observation）、實驗法（experiment）和調查法（survey）。

1.觀察法（observation）：研究者實際監測人的行為。另一種全球產品條碼（universal product code, UPC），是一種帶有十二個連

續垂直條碼，用以辨識每一個產品，可幫助廠商作時間和存貨的掌控，並提供測量廣告回應豐富的資料。

2.實驗法（experiment）：研究者可以使用此法衡量精確的因果關係。運用情境設計，比較實驗組與對照組兩組受試者對產品等資訊之差異觀點。

3.調查法（survey）：蒐集原始資料最普遍的方法。研究者以問卷方式詢問目前或潛在消費者各種問題，蒐集攸關態度、意見和動機等訊息。

但是，應用精神分析學派的觀點作消費者之動機研究，有其不足與缺失，通常調查結果需透過有心理學素養的專家來解釋及分析，而廠商無法對原始資料作深入的瞭解，也只能接受，因此便加入一些主觀因素在內，這些是行銷人員的迷思。再則，精神分析中對「性」的解釋太過牽強，不易接受，常見女性內衣廣告以男女主角的演出，女性刻意表現「女權自主式的解放以吸引男性」，充滿「閹割恐懼」焦慮後的「陽具欽羨」之情結，似乎讓廣告創意陷入牽強附會。

值得提醒的是，心理學之動機研究為一般臨床治療技術，其基本技巧乃針對特定對象（精神病患者），而不適用於一般大眾。

潛意識與偽科學

潛意識廣告是1950年美國人James M. Vicary在新澤西州一家戲院放映電影時，每相隔五秒閃動一個極短的瞬間標語：「該喝可樂了！」（drink Coke）和「該吃爆米花了」（eat popcorn）。這麼短暫的畫面觀眾的肉眼根本無法察覺，但卻影響了觀眾的潛意識，使他們不知不覺中改變行為，最後讓戲院的六星期內爆米花銷售量比平時增加多了六成，可樂也增加18%。這也是置入式行銷的開端（第三章將

會進一步說明）。

　　「潛意識廣告」激起無數廣告人士的興趣，甚至還有從心理學角度分析此一主題的論文，他們深信讓消費者輕鬆接受廣告資訊的「潛意識廣告」，比正規廣告更能激發人們內心的欲望。然而，當學者們試圖複製這個研究，卻發現結果大異其趣。加拿大一位學者曾經試圖在一個電視劇中，每隔一段時間閃現一個瞬間標語「去打電話」（phone now），結果不但打電話次數沒有增加，而五百位首訪者被問到標語內容是什麼時，竟然沒有任何一個人答得出來。

　　「寫下未來目標的3％畢業生，比其他97％畢業生擁有的財富總和還多。」這份許多暢銷著作常引用的「耶魯目標調查」，是不折不扣的「偽科學」。長期批判偽科學的美國已故科學家薩根（Carl Sangen）曾說：「科學可以滿足人們的好奇心，偽科學也有同樣地作用！」在坊間無數教人成功、減肥、致富的著作中，為取信於人，他們常常列舉一些「學術」研究作為證據，然而這些看來美好無比的證據，往往卻是虛構的「偽科學」。「耶魯目標調查」流傳甚廣，然而這個調查卻是虛構的故事，哈佛大學教授Steve Kraus曾對這個「耶魯目標調查」詳細追蹤，翻遍各種研究論文，卻完全找不到這個調查的起源、如何執行以及作者是誰的任何相關文獻。「耶魯目標調查」叫人要及早立志的故事雖然動聽，可惜只是個神話，事實上有另一個神話也和「耶魯目標調查」同樣動聽，就是前述的「潛意識廣告」。

　　「耶魯目標調查」或是「潛意識廣告」都只是「偽科學」案例中的冰山一角，其他諸如「每個人只用到10％的大腦」、「睡覺時聽教學錄音帶可加強記憶」之類的說法，事後也都證實並無科學根據，胡適曾說，做學問要「不疑處有疑」，對市面上言之鑿鑿有神奇效果的各種說法，常保懷疑精神才是不被人欺的唯一方法。

IKEA低價創造無價系列

資料來源：第四十一屆時報金像獎建築裝潢類最佳影片獎

 # 第三節　原型人格：品牌個性投射

　　另一位心理學者榮格（Carl Gustav Jung, 1875-1961），對潛意識的研究也有一些補充觀點，分為自我潛意識和集體潛意識兩部分。他認為個體的自我發展，有兩個本源，其一為個人潛意識，與佛洛伊德理論中所指相同，有的是從意識境界中被壓抑下去而不復記憶者，有的是出自本我而強度不夠，不為個體所知覺。無論屬於何種情形，潛意識中的不愉快經驗，積壓多了就會形成情結（complex）。

愛作夢的榮格

　　榮格1875年7月26日生於瑞士凱斯威爾村莊，於1961年6月6日歿，是瑞士著名心理學家，也是個精神科醫生，更是分析心理學的創始者。

　　因父親是牧師，他從小受家庭宗教氣氛的影響，對宗教產生了一定的興趣。但是他認為身為牧師的父親卻喪失真心的信仰且無力面對現實，只能講述空洞的神學教條，再加上少年時期在教會領受聖餐心中卻毫無感覺，不符他的期望。榮格做過一個夢，夢見上帝的糞便擊碎精美的教堂，因此榮格背離了基督教。

　　1895年至 1900年他在巴塞爾大學習醫，並在蘇黎世伯格爾茨利精神病院謀得助理醫師職位，在布洛伊手下實習，進行了詞語聯想實驗研究，此時曾和佛洛伊德共事。1905年任蘇黎世大學精神病學講師，後來辭去職務自己開業。他在醫學領域表現非常傑出，曾任聯邦技術大學及母校巴塞爾大學教授，又獲牛津大學及哈佛大學等榮譽博士學位。

　　他對佛洛伊德1900年出版的《夢的解析》非常感興趣，並且參加了佛洛伊德的精神分析運動，共同創立了「國際精神分析學會」，並任第一屆主席，後因兩人的學說產生分歧而決裂。

　　與佛洛伊德決裂後憂鬱數年，曾見到幻象，也曾感覺到眾多鬼魂聚集在他家中。其中一個幻象是一位有翅膀而又跛腳的老人菲利門，另一個幻象是一位美貌的女士。這兩位成為他日後「老智者（自我）」及「阿尼瑪」的樣本（參考**表2-1**名詞解釋）。

　　非常特殊的是，他對中國道教的《太乙金華宗旨》、《慧命經》、《易經》，及佛教的《西藏度亡經》、禪宗皆深入研究，也對西方煉金術著迷。在《太乙金華宗旨》及西方煉金術找到與「個性化」觀念相同之處：調和有意識的自我與無意識的心性。

與佛洛伊德「同理異夢」

他與佛洛伊德雖同是精研精神分析理論，但卻對「夢」的看法相異。榮格的理論得到較廣泛的考察證據。相對於佛洛伊德認為夢是一種被壓抑的願望且隱晦表達，榮格強調「夢具有一種補償作用」。夢不是偽裝和欺騙，而是一部用特殊語言寫成的書。在夢的分析上，榮格強調不應該僅局限於單獨的夢，而是關注夢的系列，著重分析與個人有重要影響的「大夢」。

按時間順序把夢分成指向過去的夢（即通常的對過去生活進行回應的夢）、同時不同地的夢（即夢見的一件事正好在現實的某一角落同時發生）和指向未來的夢（即預言的夢）。對於後兩者因違反因果律，在當今科學無法得到解釋。榮格認為應該用現象學的觀點理性地看待，而不是簡單地否定排斥。他曾到非洲及美洲等地對原始人類的心理進行考察，提出「集體無意識」這一重要的心理學概念。

榮格的潛意識

榮格認為在潛意識中有個人潛意識及集體潛意識。前者隱含自我發展的目標導向，後者則充滿強調族性繁衍的榮氏特色。

(一)個性化／個體化（Individuation）

心靈成長的目標，也就是自我的實現（self realization），其方法為融合有意識的本我（ego）與無意識中的陰影與「阿尼瑪」或是「阿尼瑪斯」讓自我實現。

(二) 集體潛意識

自我發展的另一本源,稱之集體潛意識,是人格中最深刻、最有力的部分,不屬於個人所有,是人類在種族演化中長期留下的一種普遍存在原始心像與觀念,是幾千年來人類祖先經驗的累積所形成的一

表2-1 榮格的集體潛意識:充滿神話的名詞

原型 (archetype)	人類不分地域與文化的共同象徵(symbols)。即為人類普遍性的心靈底層。人與生俱來的指引和驅力,經由集體潛意識所引發的基本意向——集體的、先天而普遍的、不屬於個體的,其揭示了人們共同、普遍和深層的潛意識心理結構。 原型概念在現今行銷環境中代表消費者重要、固定而持續性的人格意義,影響消費者行為的動機、選擇和決策及對訊息的解讀。
阿尼瑪(Anima)	男人潛意識中的女性性格,只有一個。也是男人心目中女人的形象。當男人對女人有一見鍾情的感覺時,他可能是將他心目中阿尼瑪的形象投射在這女人身上。
阿尼瑪斯 (Animus)	女人潛意識中的男性性格,可以有多個。潑婦很可能有負面阿尼瑪斯。青蛙王子中的青蛙與王子都是公主心中阿尼瑪斯形象的投射。
陰影 (shadow)	潛意識中與自我(ego)相反的性格。例如電影《攻其不備》(The Blind Side)中朋友對女主角珊卓布拉克領養黑人少年表示負面想法,其實代表人性中負面的陰影。因此,珊卓布拉克要思考行動時,必須先克服心中這些負面陰影的意念。
自我(self)	也就是心、性或本性,人心靈的中心。
情結 (the complex)	個人無意識中的成分。
共時性 (synchronicity)	榮格認為兩件或多件事於同時發生有其特殊的意義。
里比多 (libido)	與佛洛伊德認為里比多是純粹性的潛力不同,榮格認為里比多是普遍的生命力,除表現在生長及生殖方面外,也表現於其他活動。
人格面具 (persona)	人們在他人眼中表現出的形象,通常是社會和公眾期許的形象。

種遺傳傾向，各種原型在夢、幻覺、幻想、神經症中無意識地表現出來。榮格稱此種遺傳傾向或原始心像與觀念為原型。原型代代相傳，成為人類累積的經驗，此類種族性的經驗，留存在同族人的潛意識中，成為每一個體人格結構的基礎。榮格提出原型概念作為解釋人們的行為動機與人格特性的基礎。

相對於佛洛伊德的無神論傾向，榮格認為集體潛意識中充滿了神的形象。

品牌十二原型（Brand Prototype）

品牌，是告訴別人我是誰。品牌原型是讓消費者對品牌有穩定的知識結構，藉以快速認識產品的特徵與屬性。原型喚起消費者動機與需求，動機為「內在的激勵」，是個人行為的基礎，也是引發人類心理原型的原動力，所有消費活動目的都在於滿足人們的需求。需求的產生會感到壓力的存在、緊張、不安，為了降低此壓力或是滿足這種需求，開始出現尋找目標的行為與行動，直到需求得到滿足，壓力與緊張的解除；有的時候消費者的某些行為的目的卻是在「享受」緊張。

品牌原型是一種創意方法論，藉由心理學研究和神話歸納產出十二種角色，目的是一致性論述與簡化品牌訊息、易於溝通，有效達成整合行銷傳播的任務。因此，沒有對錯、標準答案，只要「品牌個性（角色）鮮明」即可。

表2-2 品牌十二原型

原型	內涵	案例	動機論
天真者	自在做自己、浪漫、有理想	Coca cola（飲料、零食常用）	自我實現動機
英雄	有志者事竟成、我可以	Nike（運動員與運動精神的塑造）	征服感動機
凡夫俗子	人生而平等、好親近	全聯、7-11（綽號小7）	歸屬感動機
照顧者	愛鄰如己	健康果汁、VOLVO（最安全的車）	穩定感動機
探險家	不要把我困住	Jonnie Walker	自我實現動機
顛覆者	規則就是立來破的，叛逆、有明確的反抗對象、為反對而反對	哈雷、Apple（顛覆掉腦的革命）、民進黨（反對國民黨）	征服感動機
情人	我心只有你、通常讓人覺得很多情	Coco Chanel、Victoria Secret	歸屬感動機
創作者	想得出就做得到（創作者與魔法師差異為，魔法師是無邏輯性的神奇、創作者是有條有理創作）	IKEA、Swatch（與藝術家合作推出不同錶款）。	穩定感動機
智者	真理將使你解脫，通常是專業、門檻高、一般人搞不懂的。醫師、律師、會計師。	B2B的品牌常用。富蘭克林坎伯頓基金（富蘭克林是發明家）	自我實現動機
魔法師	夢想成真、發揮神奇的力量、好像進入另一世界	魔術靈、威力彩。Disney（作為魔法師，喚醒大家心中的「天真者」）	征服感動機
丑角	創造歡樂，活在當下。	M&M、斯斯（零食、飲料）產品有禁忌、不好意思溝通，就很適合丑角形象來帶過	歸屬感動機
統治者	權力不是一切，而是唯一	要有統治者的感覺，用「地名」、「君王名」命名最容易	穩定感動機

　　榮格的原型論中提出一個概念為「天眞者」，天眞者原型的允諾是「生命不是非得過得很辛苦不可，只要遵循一些簡單原則，你就可以隨心所欲地當你自己，也可以在此時此地活出最棒的價值」，訴諸的是內心裏頭那個相信某些終極單純的自己。熟女沉溺於充滿童年歡樂與追逐慾望的頹廢狀態，可以對應到佛洛伊德的防衛機制補償作用與退化作用（第三章），以及榮格的天眞者原型需求。

　　台灣的女性近年來呈現一種極爲獨特的現象——矛盾情緒（paradox），這種現象從火紅的林志玲和蔡依林就可窺知一二。女性的矛盾兩極遊走，一方面實際坦率、浪蕩敗金、崇拜G乳；但一方面夢幻可愛、迷上Hello Kitty，說話天眞像退化爲五歲的小孩。林志玲的浪女身材和穿著、包藏稚氣的嗓音和超人的戀愛EQ；蔡依林一出現就是超大G奶、無意識露底的熱舞、叛逆蛇蠍般的眼影，但有純潔的情史和近乎小孩般的講話方式。這種兩極化矛盾現象，在愛情觀、自我投射形象、崇拜偶像、美的概念甚或人生價值都顯現無遺。尤其是消費行爲上，極端夢幻和極端實際交錯，黑白分明。另外，我們也可由超市的重新定位看出「完美浪漫生活的投射」，手戴Chanel手錶、穿Fendi涼鞋在星期五下午到高級超市買菜回家，賓士車接你回家。這是夢幻小公主的投射，也是近年來全國婦女「夢想」運動。但是，同時另一個實際的柴米油鹽必須是「天天都便宜」，右手揮金、左手精打細算的兩極心態壓縮了中間灰色地帶定位的商品。同時提供美麗物質幻夢及最低價的通路（像東森購物和屈臣氏）就是成功的例子，一方面發誓最便宜，另一方面宣稱你會發現比期待多更多。

　　此外，在全球超媽（Alpha Mom）現象的崛起，自信、大權在握、掌握充分資訊、身兼數職、習慣同時作多樣工作，照顧孩子家事但也不忘工作，也是榮格女性原型活出最有價值與肯定自我的展現。

註釋

註一：戀母情結＝伊底帕斯情結

伊底帕斯情節，引自希臘神話。佛洛伊德認為人心靈成長必須要經過「殺父娶母情結」（伊底帕斯情結，Oedipus complex）或「殺母戀父情結」（厄勒克特拉情結，Electra complex）這道關卡，在對抗的過程當中，道德感逐漸形成，同樣在這種說法下，異性的雙親是喚醒男孩與女孩對「異性」這事件的催化劑。在佛洛伊德的理論中，伊底帕斯情結是一個重要的發展階段，透過它造就了異性戀的性欲傾向，以及女性氣質與男性氣概。

伊底帕斯是希臘神話中國王拉伊奧斯和王后約卡斯塔的兒子，在不知情的情況下，殺死自己的父親並娶了自己的母親。

國王拉伊奧斯得到神諭警告，他會被兒子所殺死，為了逃避命運，拉伊奧斯刺穿新生兒的腳踝，並將他丟棄在野外等死。然而奉命執行的牧人心生憐憫，偷偷將嬰兒轉送給科林斯的國王，由他們當作親生兒子般地扶養長大，名為伊底帕斯。

伊底帕斯長大後，因為德爾菲神殿的神諭說，他會弒父娶母，不知道科林斯國王與王后並非自己親生父母的伊底帕斯，為避免神諭成真，便離開科林斯並發誓永不再回來。伊底帕斯流浪到忒拜附近時，在叉路上與一群陌生人發生衝突，失手殺人，其中正包括他的親生父親。

伊底帕斯繼續趕路，正值獅身人面獸斯芬克斯降災忒拜，路過者若無法解答他出的謎題，將被撕裂吞食。忒拜為求脫困，便宣布誰能解開謎題，可獲王位並娶國王遺孀約卡斯塔為妻。後來正是由伊底帕斯解開斯芬克斯的謎題，他繼承了王位，並在不知情下娶自己的親生母親為妻。

後來，國家不斷發生災禍與瘟疫，因此向神請示。最後在先知揭示下，伊底帕斯才知道他是拉伊奧斯的兒子，終究應驗他之前殺父娶母的不幸命運。震驚不已的約卡斯塔羞愧地上吊自殺，而同樣悲憤不已的伊底帕斯，則刺瞎自己的雙眼，流放出國。

「伊底帕斯情結」即是所謂的「戀母情結」，指兒子親母反父的複雜

情結。它是佛洛伊德主張的一種觀點：男孩早期的性追求對象是其母親，他總想佔據父親的位置，與自己的父親爭奪母親的愛情。

正好對比佛洛伊德《性學三論》闡釋意義佛洛伊德的著名案例《少女杜拉的故事》為故事核心主軸，建立出楊格醫師與諾拉小姐之間的感情張力，充分將佛洛伊德《歇斯底里研究》、《夢的解析》、《性學三論》、《論潛意識》、《自我與本我》、《圖騰與禁忌》、《精神分析學引論》各項理論利用心理學大師們的淺顯易懂對話中講述出來在佛洛伊德的理論中，伊底帕斯情結是一個重要的發展階段，如果度過此階段就形成異性戀的性欲傾向，以及女性氣質與男性氣概。精研佛洛伊德的後期學者更將「底帕斯情結」細分為「前伊底帕斯時期」和「伊底帕斯時期」，前者就是男女孩同時都迷戀著母親的那個階段，重而翻轉了佛洛伊德的論述，並肯定母親在孩子的成長過程中，所具有的主動性。母親自覺地以不同方式對待男孩與女孩，因此形塑出兩種截然不同的性格。男孩子從「前伊底帕斯時期」進入「伊底帕斯時期」的方式，是非常劇烈的變動，以一種與母親斷裂的方式，放棄對母親的依賴，轉而認同父親所代表的「抽象男性氣概」。女孩子則否，她們經歷了較長的「前伊底帕斯時期」。從「前伊底帕斯時期」到「伊底帕斯時期」，女孩子都一直與母親保持著連續性的關係，並且同時依戀著母親和父親。結果造成男孩子在認同上的焦慮，因為他們必須向父親的抽象男性氣概認同，但實際上父親在自己被養育的過程中總是缺席。女孩子則較能與他人維持持續性的關係。所以，一定要把男人帶入照顧孩子的工作來，讓小孩同時有可以明確認同的父親與母親，並且讓女人得以從全職的照顧者職責中解放出來。

註二：佛洛伊德與藝術

佛洛伊德是觀念藝術（conceptual art）的開創者。

在藝術領域中，超現實主義早於佛洛伊德的影響，而佛洛伊德更認為一般超現實主義作品是在意識層次創作，並非潛意識表達，包括達利等人皆然。佛洛伊德的藝術家曾孫女認為，佛洛伊德對藝術史的影響乃是「文字與圖像的結合關係」，「沒有佛洛伊德，觀念藝術、裝置藝術就不會出現」。他以佛洛伊德《夢的解析》為例，說明曾祖父如何從夢中的圖像、形體，挖掘其意涵與潛意識，這就如同觀念藝術重視思想而非形象。

註三：自戀與水仙

　　同為希臘神話，河川之神蓋比梭斯之子納瑟斯（Narcissus），是一個人人稱羨的絕世美少年，迷戀納瑟斯的艾蔻（Echo）是個喜歡講話、個性開朗的山林女神。有一天，萬能之神宙斯跟其他女神鬼混，艾蔻卻為他們掩護，在其偷情時，跑去跟宙斯之妻赫拉聊天，免得赫拉察覺姦情。赫拉發現之後，勃然大怒，對艾蔻下了詛咒，讓她無法再說話。

　　赫拉對艾蔻所下的詛咒是「只能重複他人所說的話」，別人對艾蔻說「你好」，她只能回答「你好」。別人問她「你叫什麼名字？」她也只能回答「你叫什麼名字？」。艾蔻再也不能跟別人正常交談。受到傷害的艾蔻，只能躲在森林的樹蔭下，日復一日眺望著納瑟斯。有一天，納瑟斯察覺到艾蔻的存在。「有人在嗎？」納瑟斯呼喊著。但是，艾蔻卻只能像鸚鵡一樣，重複吐出：「有人在嗎？」「給我消失！」這幾個字，久而久之，她的身子愈來愈瘦，最後連身體也消失無蹤，只留下「迴盪在空谷中的回音（Echo）」。

　　掌管復仇與因果報應的女神涅墨西斯（Nemesis）為了處罰傷害艾蔻的納瑟斯，便對他下了「愛情永遠得不到回應」的詛咒。他戀上的對象是「倒映在水面上的美少年」，也就是他自己。自從愛上水面上的美少年之後，納瑟斯整日守著湖畔，望著水面。他完全不知道，水面上倒映的美少年，正是他自己。當他一伸手，水波搖曳，美少年消失得無影無蹤。不管他對著水面上的美少年訴說什麼，都得不到回應，「水面上的美少年」只是用一雙充滿愛意的眼神，一直望著納瑟斯。納瑟斯的身體漸弱，最後終於喪命。

　　死後的納瑟斯成為湖畔的一株美麗的水仙。這個可憐的森林女神艾蔻，後來成為了英語（Echo「回音」）的語源。此外，納瑟斯的英文名字（Narcissse）也變成自戀（Narcissism與Narcissist）的語源，水仙的英文也是Narcissus，水仙的花語是「自戀」。

CHAPTER 3

精神分析學派的廣告催眠

精神分析學者：＃拉岡　＃弗洛姆　＃阿德勒
重點提示：＃防衛機轉　＃人格結構　＃鏡像理論　＃優越與自卑

我們習慣以防衛機轉保護自己免於焦慮，
我們遊走於自我、本我和超我的人格結構裏，
我們因認清自己而痛苦，但，我們也可以面對孤獨，
這樣，我們才能有超越自卑與接受不完美的勇氣。

1970年代以來廣告對兒童的影響已是全球性的顯學。英國一項研究顯示，高達69%三歲大的英國幼兒認識麥當勞的黃金拱門商標，諷刺的是，另一項調查卻顯示，四歲兒童半數還不認識自己的名字。似乎，密集的商業廣告無形中主導幼兒的認知。

科技發展無遠弗屆，廣告訊息以影像與圖像刺激或形塑我們的思考且無所不在，而潛意識、自戀、壓抑、歇斯底里、焦慮和聯想等等，這些心理學的語言已經在我們日常生活中大量使用，而且近乎被「催眠」似地「反射」脫口而出，人行為背後的「心理」為何？

 第一節　防衛機轉：自我保護的天性

我們都喜歡看喜劇片，哈哈大笑中「療癒」我們的壓力；也喜歡看「從此王子與公主過著幸福快樂的日子」完美大結局的愛情溫馨片，「投射」我們現實的不完美；但有時我們也喜歡試試自己的心臟指數，半矇著眼「偷窺」恐怖片或殺戮暴力片，緊張中「替代」我們釋放「潛抑」的情緒。不知不覺，人類的行為背後到底有什麼「超能力」可以同時或不時多元展現？

自我防衛是一種本能

當我們無法達成自己的目標或期望時，焦慮就會產生。佛洛伊德認為人會自然生出一些方法或策略保護自我，降低或不受影響，此即為心理防衛機制（psychological defense mechanism），也有人稱之為「無意識的自我欺騙策略」。

身處壓力、競爭、焦慮、痛苦和挫折等不可避免的現代社會，我們常常「不自覺（無意識或潛意識）」地以「獨特的方式」來應對這

些情境，通常會將人與現實的關係稍作改變，使之較易為人接受，也不致引起太大的不安和痛楚。同樣地，消費行為過程中也會有此防衛機制，以降低消費或不消費時產生的焦慮，行銷者則針對防衛機制的運用，採行「順勢」之策略。

(一)合理化作用（Rationalization）

無法達成目標時，對自己的行為提供可接受、自圓其說的方法，以降低焦慮。意即，在一群動機中，選擇一小部分最動聽、最崇高、最具理性的動機，加以強化，企圖掩飾內心所不能接受的原因，減少焦慮和沮喪，使自己感覺心安理得。合理化可以保護自我，不要受到現實殘酷面的傷害，合理化現象在購買中十分常見，但卻難以直接從消費者口中問出，因此「適應性無意識」的研究支持此主張。合理化作用有下列三種情況：

1. 酸葡萄作用：自己得不到的東西，就認為它是不好的、沒有價值的。
2. 甜檸檬作用：自己花了很多力氣，得來的卻是一顆酸檸檬，只好說它是甜的。福特嘉年華汽車以「小車也有大空間」的訴求，與大車比較其「麻雀雖小，五臟俱全」的優勢，也不失為消費者自我安慰尋找有力的說辭。
3. 推諉作用：有了什麼過失時，常會很快將過失推到別人身上。例如女性消費者每到拍賣折扣時，總是無法克制衣櫃少一件衣服的購買欲望，因此中興百貨公司成功地提出「每年為自己買一套名牌衣服是道德的」訴求，讓女性消費者減低焦慮。

(二)投射作用（Projection）

將無法達到目標之咎，歸因於他人或外在環境，否認是自己的一部分；或是現實無法達成的想法，寄託於外在事物，此種自我保護的潛意識，即為投射作用。廣告影片中以十秒、二十秒、三十秒等短暫時間，讓消費者投射自己「完美的愛情夢想」，或是「好太太、好媽媽」的典範世界。

懷舊或復古訴求（oldies but goodies）強而有力地引起情感共鳴，例如民歌演唱會其基本元素就是喚起六〇年代出生的人共同記憶，在這充滿不確定與變動的年代，處處可見；7-Eeleven兒時童趣的零食大賣，也藉由緬懷過去，以投射出確定與不確定、穩固與流動之間的對比。如果舊的訊息不斷地流逝，會讓人覺得脆弱與不安全而無法掌握生命一般，在此情況下，通常就會藉由擷取過去的象徵物「對號」回想過去美好的時光。

然而，在消費糾紛處理時常發現，消費者與廠商發生問題互相指責，例如房地產或車庫坪數產權糾紛層出不窮，廣告中呈現的寬敞與美好，雙方認知不同，這就是佛洛伊德認為社會混亂與偏見是來自投射作用，可見一斑。

(三)仿同作用（Identification）

為降低焦、慮增加信心，有些人選擇模仿或採用具有影響力的人之行為、價值與態度；或是經由攀附另一個人或另一個標的物來增加自己的價值感，也就是藉他人的光彩來榮耀自己，此為仿同作用。常見廣告表現中以生活片段（slice-of-life）或名人證言（celebrity）的方式，藉此強化消費者購買的信念。麗仕（Lux）洗髮精以國際巨星為代言人，訴求「柔柔亮亮，閃閃動人」；菲利浦推出新款電子鍋，強

調其簡易、方便、智慧的設計功能，現代新好男人會使用此煮飯，與同是上班族的太太分擔家事等的生活片段，打破男人不下廚的傳統迷思，贏得現代男性消費者認同，和女性消費者感動。

(四)潛抑作用（Repression）

當本我的衝動過分激烈時，將所導致的焦慮（天人交戰——天理、人慾——超我、本我）從意識層面抹去，使本我潛存到潛意識裏去，形成情結（complex）的一種心理防衛。也就是：人們藉由將不愉快想法從意識中排除的方式，來逃避或面對此想法或事實，如果潛抑太深，會產生遺忘。例如台灣廣告作品黃色司迪麥口香糖以「幻滅是成長的開始」的廣告表現方式，隱喻少女時期所經歷的「戀父情結」，如師生戀的潛抑，藉此作商品的創意敘事。

(五)昇華作用（Sublimation）

潛抑作用中，個人將不符合社會文化標準的動機改變，表現出可被接受的行為，此為昇華。例如多年前因台灣房價天高而組成的無殼蝸牛組織，這些消費者所發動的抗議活動曾引起社會注意，但歷經政經環境變化，房價仍持續飆漲，因此這些組織人士由激烈轉為溫和，組成了「崔媽媽住屋中心」，免費為租屋或買屋的消費者提供服務。

(六)替代作用（Displacement）

又稱轉移作用，個人在某一方面動機受阻，而以另一途徑完成受阻的動機；尤其面對敵意的情緒時，不敢對受挫的來源表示不滿，只好將情緒發洩至不會造成危險的對象或事物上。佛洛伊德理論中提及人處理性衝動的最佳方式是攻擊，此即為替代作用。生態保育觀念漸為人類關切，美國動物保育協會曾製作一則平面廣告，以五位一絲不

掛的模特兒共同宣言「我們寧可不穿，也不穿貂皮大衣」，企圖教育消費者共同響應生態保育，可以其他商品代替皮革；商品也提供消費者轉移情緒，「療癒系」的商品、大吃與購物狂等都是消費行為中常見的替代或轉移現象。

(七)補償作用（Compensation）

追求目標如果無法如願以償，可能有些人會改以其他方式來彌補心中的缺憾，此為補償作用。心理學家阿德勒的個別心理學提到自卑感產生後（本章第三節進一步說明），自然會形成個人一種內在壓力，使之在心理上失衡與不安，失衡與不安的後果就會促使個人尋求平衡，從而克服自卑感的痛苦，阿德勒稱此作用為補償作用。成年熟女經常害怕面對未來的壓力，企圖尋回童年溫暖的呵護，因此對卡通肖像如Hello Kitty、米老鼠、芭比娃娃等迷戀正是一種補償作用。廣告中訴求「孩子，我要你比我更好」的文案，全球「少子化」現象反映在童裝的消費行為，名牌服飾代理業者認為，金字塔頂端之消費者不但自己講求名牌服飾，基於補償子女的心態，也為兒童選購名牌高價童裝。

(八)理性作用（Intellectualization）

理性作用指人通常以理性態度處理傷感的情境或事物。例如台灣曾經發生健康幼稚園娃娃車起火事件，為喚起社會大眾重視兒童安全，受難家屬忍受二次傷痛的打擊，共同籌劃公益廣告、成立基金會幫助別人，此為理性作為。

我長大想當系列

資料來源：第二十七屆時報金犢獎

表3-1　當人感受到威脅而產生焦慮的時候，會激發出一系列的防衛行動

作用	方式
合理化	無法達成目標時，對自己自圓其說的想法以降低焦慮。
投射	將無法達到目標的原因歸咎他人或環境，將無法實現之事寄託於外在事務。
仿同	模仿具影響力之人的態度行為，藉他人榮耀光彩。
潛抑	本我過於衝動的情緒被壓抑後形成情節。
昇華	將不符合社會文化標準的動機經改變後，表現出可被接受的行為。
替代	轉移作用，某方面動機受阻經由另一途徑完成。
補償	追求之事無法達成改以其他方式來彌補心中之憾。
理性	以理性態度處理傷感的情境或事物。

 第二節　人格結構：三重人格

個性多變、變化莫測的人常被稱有「雙重人格」，但佛洛伊德從事四十多年的心理臨床工作，卻不以為然，精神分析是能夠詮釋人行為中壓抑欲求及精神信仰的效應。

他的心理學主張，行為的產生，是來自心理的三個系統之間的相互作用，這三個系統是本我（人的最初衝動）、自我（公開的與意識所知的自我）和超我（社會限制和良知）。本我可以看作是被壓抑的欲望；自我則可視為決策中心；超我可以看作是社會適切性以及構成道德行為的信仰，能夠檢查並篩選慾望，以確保能符合自我形象。而協調本我與超我的競爭需求，是自我的功能。

人格結構

佛洛伊德認為人格是由本我（id）、自我（ego）、超我（superego）

三部分交互作用所組成。

「本我」是藉由遺傳而來的，與無意識相同，包括一切本能的驅力——性和攻擊等，人追求即時滿足和緩解緊張，是以「快樂原則」為主，如果產生不愉快，則會自我形成事物的心像或藉幻想來趨樂避苦，依佛洛伊德的說法，「夢」是最能滿足願望的方法。台灣成功的品牌案例，如「菲夢絲，非夢事」的塑身廣告標榜雕塑身材交給品牌，讓許多女性信心大增；高岡屋海苔以「吃零食不再有罪惡感了」的訴求，使追求美好身材的女性仍能享受快樂的「吃福」。

「自我」是打破本我不顧現實、不合理滿足自己需求的藩籬，而以面對現實、合乎邏輯、計劃性地滿足自我需求，自我與理智相互一致，介於本我和外部世界之間，使本我尋求享樂的要求置於控制之下，符合現實原則。例如台灣的黑松沙士在1980年代，面對碳酸飲料如可口可樂、百事可樂祭出「俊男、美女、海灘、享樂、歡愉」等商品使用情境和品牌形象，重新以「我的未來不是夢」喚起台灣青少年不再只活在本我滿足的幻影，考慮自我努力的實踐，成功地讓黑松品牌可以永續長青。

自我可以說是一種社會我，套用佛洛伊德的話來講，自我所代表的正是理性和常識的東西，也唯有透過這個觀點，我們才能理解他所謂「我們習慣不論走到哪裏都帶著我們的社會和道德的價值標準」。但是，人類除了透過社會建構的自我外，還有本能存在，卻常被自我壓抑住的慾望——本我，也可說是本能我。而本能我，正是潛意識存在的地方。依佛洛伊德的觀點，人類出生後最初是以本能的慾望（性慾）展現與發展自我的。但是，因為社會的價值觀與道德觀開始限制人類依照本能慾望發展，所以社會自我開始形成，並對本能我開始進行抑制。所以，自我與本我開始分家，依照社會價值建構起的自我，將本我控制在一定的範圍內，並使本我中「性認同」的對象逐步放棄。因此，一般認為潛意識是在社會化過程中被自我壓抑的慾望本能。

「超我」與良心道德相一致，朝著完全壓抑本我的方向發展，使自我實現達到完美的狀態。代表已經內化的社會價值觀和社會道德，個體的行為一切以社會標準為依歸，其抑制本我的衝動、說服自我的現實、成就超我的完美，包含了良知與塑造理想的自我。以流浪動物之家的工作為例，從建立正確的「寵物」新觀念，並教育愛動物的主人或飼養者「愛牠就為牠結紮」，減少因過度繁殖而造成流浪動物的問題，進而呼籲加入義工的行列；世界展望基金會推出的「饑餓三十」救援行動，以「是救命，不是救濟」的主題，將超我的情懷成功地植入消費者心中；而如生態保育工作則教育消費者拒購貂皮皮草，建立正確的保護動物觀念。

自我是現實的代表，而超我則是內部世界的代表，也是本我的代表。換句話說，其實本我與超我是一體的兩面，一個是以慾望的基本形式存在，一個則是以自我理想的形式存在。所以，超我是做為監督自我的一種心理機制。超我當然也是在社會化過程中逐步形成，但其所以成為潛意識的一部分，正因本能慾望壓抑與性目的放棄的同時，心理狀態產生一種昇華作用造成的。精神分析學派認為個人的自我認同有兩個來源，一是個人內在身體生理經驗與更內在的自我核心之整合，一是透過與客觀世界之區分來形成自我。而自我的成長與區別對母親的依附是嬰兒獨立的課題，使得自己的發展不是被動適應外在世界，也能產生影響。之後「現實原則」進入嬰兒的情緒領域，使他認知到母親與自己是分開的兩個個體，有獨自的興趣和活動。然而，潛

圖3-2　心中有三個「我」

意識卻不僅只是如此，其也包括了超我在內。一般人們談論的超我，是一種理想化的自我。但是這個超我是如何形成的呢？難道只是一種理想化的社會自我嗎？佛洛伊德的說法則主要強調認同作用的功能。

人格的投射：品牌

　　佛洛伊德的人格理論如上述的基本架構——本我、自我、超我，與消費者購買行爲中對商品「品牌」的投射具有重要的關聯，依心理學家的觀察，消費者選購商品時經常「下意識（潛意識）」地、不經意地反映其人格特質（參考前一章品牌十二原型），品牌是一購買重要指標。例如名牌服飾亞曼尼（Giorgio Armani）從產品設計——剪裁簡單、大方、優雅的色系充分表現消費者自我，到定位爲現代獨立自主的女強人型上班族，消費者「認同」商品性格，商品「反應」消費者人格。而另一受歡迎的名牌商品凡賽斯（Gianni Versace），其所標榜的新潮、亮麗，近來在台灣中南部市場異軍突起，根據代理廠商行銷人員的觀察，發現台灣中南部名牌消費習慣，名牌標誌明顯、色彩鮮豔、款式新潮、引人注目的服飾接受度較高，可見不同的地理區隔、不同的人格特性的消費者，對品牌的要求截然不同，也爲市場區隔提供了充分的情報。

人格的發展

　　然而，我們並非一生下來就具有「三重人格」，精神分析心理學的基本精神就是一切服膺「生命自然發展」的原則。人格的形成，研究發現大約是在兒童早期，佛洛伊德以個體性心理發展的概念融入，並強調其發展的階段性，區分爲口腔期（oral stage）、肛門期（anal stage）、性器期（phallic stage）、潛伏期（latency stage）、生殖期

（genital stage）（**表3-2**）。

　　初生至一歲半的嬰兒多以嘴與外界接觸，即以吸吮獲得滿足，當口腔的需求無法滿足或過度放縱，成年後會出現「口腔性格固著」（停滯於此階段）的危機。活動以口腔為主，經由吮吸、吞嚥、咀嚼等活動，以獲得基本需求的滿足。嬰兒口腔的活動，如不受限制，長大傾向開放、慷慨與樂觀。如口慾受挫，長大可能偏向悲觀、依賴、退縮。司迪麥口香糖「成人奶嘴」廣告表現的隱喻，公共場所不能吸菸、可嚼司迪麥代替，即運用此概念巧妙的轉化。

　　「肛門期」約出現在一歲半到三歲，兒童由排泄中獲得快感，如果父母親此時嚴格地如廁訓練，剝奪其滿足感，將導致其性格冷酷、剛愎、生活雜亂。成年後可能會造成「潔癖」，而「挑剔」的性格也會表現在消費行為上，例如有些消費者無法滿意或不知如何能滿意所要的服務與商品，常產生溝通糾紛。如能在此時期順其自然，則人格獲得良好發展。

表3-2　性心理發展階段

口腔期 （oral stage）	0-1歲	吸吮，咀嚼獲得滿足 行為：咬指甲，貪吃，酗酒 性格：潔癖，悲觀
肛門期 （anal stage）	1-3歲	排泄刺激獲得滿足，成功度過則獨立與自主人格 行為：冷酷，暴怒，頑固，優柔寡斷
性器期 （phallic stage）	3-6歲	喜歡碰觸自己的性器官，原始欲力 可以辨識男女性別，發展出異性父母認同，戀父戀母情結（與同性父母競爭） 行為：同性認同
潛伏期 （latent stage）	7歲到青春期	情感逐漸疏離自己的父母，擴大情感範圍，但男女分別活動 行為：認同與社交需求錯置
兩性（生殖）期 （genital stage）	性器官成熟	兩性差異，性需求轉向同齡，家庭婚姻等需求 行為：性冷淡、陽萎、人際關係失調

　　「性器期」是在三歲至五歲半，對性器官或性別開始產生好奇，以性器官為獲取快感的中心，小孩有意無意去觸摸、摩擦，以獲得快感，在行為上已有男女性別之分。而男童在行為上會模仿父親，但卻以母親為愛戀對象，以致產生戀母情結，女童則產生戀父情結（第二章註一）。兒童的戀親情結，經由超我的發展獲得調適，轉而模仿同性之行為，並經由認同作用形成個人人格特質。

　　五歲半至十二歲是「潛伏期」階段，此時期兒童或青少年明顯地被壓抑了對性的需求，而焦點在發展智力、同儕關係的能力上，如果產生挫敗則易缺乏自信，而致自卑。例如心路文教基金會一再呼籲現代父母不要在孩子面前吵架，易使其恐慌，造成人格發展上的陰影。

　　最後一階段「生殖期」，青少年對性的需求再度出現，但轉向異性，且有角色認同的概念，認同危機則是後遺症。為建立青少年正確認同，減少社會問題（吸毒、酗酒等），台北市政府結合民間公益團體或企業贊助，舉辦總統府前廣場的飆舞活動即為一例。兒童進入青春期，第二性徵出現，對異性發生興趣，喜歡參加兩性組成的活動。在心理上逐漸發展，而有與性別關聯的職業計畫及婚姻理想。

人格發展中的「情結」

　　如果從上述的性心理發展過程中，檢視我們的生命歷程，似乎隱含著多多少少的不順遂，這些不順遂可能「固著」（fixed）而形成「情結」（complex）。

　　精神分析中有關閹割焦慮、自戀、戀物和陽具欽羨這些概念，閹割焦慮的意義中一為男性「恐懼」自己被閹割所做的防衛機制；另一則是「希望」被閹割，對於女體的愛慕投射在自我本身。台灣的電視廣告以男性代言人介紹女性商品，包括美爽爽化妝品的陳昇、陳鴻代言的女性內衣品牌曼黛瑪蓮，皆隱含男性閹割焦慮之情結，男性對女

性口紅的凝視觀看和男人發覺令人感動的女人味胸罩，兩者透過男性的觀看而消去心底閹割之恐懼，進而將慾望投射在女體上，無非另一伊底帕斯情結的展現。

而自戀和戀物情緒的商品投射更是多見，最常見的是融合三位一體（自戀、戀物和鏡像投射），男星費翔的鑽石代言，就是對於鑽石的戀物（將物品作為完美女性的象徵）、手中緊握的鑽石所形成鏡像的自戀。

日本成軍已有百年歷史的寶塚歌劇團（Takarazuka Revue），清一色由女性團員組成，精湛歌舞和炫目的舞台令觀眾驚歎不已，猶如好萊塢與百老匯的日本綜合體，而且票房一路長紅，絲毫不受經濟衰退影響。非常特殊的是，寶塚的觀眾有九成是女性且是代代相傳的「垂直式」粉絲團，其中耐人尋味的是「女扮男裝」竟然迷倒各種年齡層的女粉絲，因為這些男役（otokoyaku）扮演幾近完美的男性不同於現實中不修邊幅、笨拙醜陋的男人，他們扮演的男性既優雅、溫柔且隨時獻花。所以就有一位資深的寶塚人說：「不只像男人，還是男人中的男人。」這種表演者與觀看者既自戀又鏡像投射的心理不可言喻，也造就消費魅力。

拉岡的鏡像理論

雅各・拉岡（Jacques Lacan, 1901-1981），法國精神分析大師，提出「鏡像理論」，創出mathemes新詞，曾設立佛洛伊德學院。

拉岡在精神分析學的理論上，對佛洛伊德的理論進行了重要的解讀，應用歐陸哲學（結構主義、黑格爾哲學、海德格哲學）為基礎，為精神分析的理論，提供了一次哲學性的重塑，亦從基礎理論上解開了對

佛洛伊德的一些誤解。在文化應用上，其理論受到歐美大學的文學院及社會學院的歡迎，令精神分析學成為哲學方法之外，另一種知識型態，足以為人類作為主體的基礎，除了哲學解釋外，提供一個精神分析的解釋規格。

在臨床理論上，拉岡關注部分精神分析師對美國式自我心理學的傾斜，認為精神分析的革命性動力，來自對潛意識進行結構性的解讀，而不是反過來以「自我」作為潛意識的指導，拉岡認為這是背叛了弗洛伊德精神的變質理論。其中包括了佛洛伊德的女兒安娜・佛洛伊德，她強化了「自我」在個人面對需求和社會現實時的位置，令「自我」成為平衡內部潛意識衝突的調節機制，不過，此觀點其實就是潛意識無法得到表達的原始死結。對於拉岡，自我心理學反映的是精神分析和美國文化的結合，破壞了佛洛伊德的原創性。對此，拉岡和自我心理學開始了長達三十年的對立，他因而被開除了法國精神分析學會的會籍，並自行建立一個有別國際精神分析學會（International Psychoanalytic Association）的組織，成為最大的精神分析系統。

在爭議的初期，拉岡作為法國心理分析界的重要人物，也是當時負責參與分析師培訓的導師，但由於拉岡堅持心理分析每次講談聚會的時間，應該由分析師自行決定，不必按傳統做法，硬性規定為四十五分鐘，以避免各種如移情作用、重複慣性表述等問題出現，影響了分析的結果，故此堅持可以進行簡短會面。另外，拉岡亦反對分析師的培訓方法，過分注重形式主義的教條。由於這種種原因，拉岡被迫離開國際精神分析學會，開始了和以美國為首的自我心理學及國際精神分析學會進行理論性爭議，亦先後創立多個法國的精神分析組織。

鏡像理論：我因認清自己而痛苦

拉岡的鏡像理論認為：人的痛苦產生於自我的意識。本質上，小孩子在六個月到兩歲期間，當她們照鏡子的時候，已經有能力意識到鏡子的影像其實是自己（自我的意識）。而這個意識，同樣也讓他們發現自己和母親是兩個分開的個體（嬰兒對母體的依賴很重，畢竟在出生前，他們和母親是一體的），也因為這個發現，嬰兒心裏實際已經產生一個很大的意識轉變，也就是所謂的自戀情結。換句話說，嬰兒在意識自己的個體之後，產生的念頭是對自己個體的滿足，但也因為這個滿足，產生後來接觸社會認知的痛苦。

佛洛伊德認為人有兩種意識：一個是潛意識，另外一個是意識。拉岡卻認為，人其實有兩種狀態：一個是象徵的自我（活在社會認知的自我），另外一個是想像的自我（原始意識裏的自我）。拉岡的想法，人是對自己的意識有一定的認識，在說話、動腦時，只是兩個自我的狀態在互鬥。

墜入愛河，同性和異性戀

拉岡認為人會墜入愛河，來自兩種動機。一是外型的刺激（或者應該說肉體的刺激），法文稱為objet tapage，最簡單的意義就是所有的男人都是最喜歡二十歲左右的女孩。第二，自戀的影響，法文稱為objet narcissique，簡而言之，這類型的人愛上的對象都會和自己有雷同點。同性戀的解釋有部分就來自這個理論：喜歡和自己同類的性別，不過此指的雷同點，不只是單純指外表，應該說是自己深處潛藏對自己的印象，亦即，假設你潛藏一個認為自己很美的意識，對於外型搶眼的男孩子會很容易動心。

　　但是，在佛洛伊德之後出現的「文化學派」心理分析，例如弗洛姆、荷妮等人，卻有相反觀點，強調文化的重要性，認爲人不再是一個自主的行動者。

「落入凡間」的精神分析社會學者：弗洛姆

　　弗洛姆（Erich Fromm, 1900-1980），美籍德國猶太人。弗洛姆1900年3月23日生於德國法蘭克福的一個猶太人家庭，為家中獨子。1918年進入法蘭克福歌德大學，學習兩學期法學。但隔年即改學社會學，師承阿爾弗雷德・韋伯（馬克斯・韋伯的兄弟），1922年獲哲學博士，而後至慕尼黑大學專攻精神分析學，並在柏林精神分析學會接受精神分析訓練。1934年回到美國建立William Alanson White精神病學、精神分析和心理學協會，並擔任密西根州立大學心理學教授，歿於1980年3月18日八十歲生日時。

　　他畢生致力修改佛洛伊德的精神分析學説，以契合西方人在兩次世界大戰後的精神處境。他企圖調和佛洛伊德的精神分析學説跟人本主義的學説，其思想可以説是新佛洛伊德主義與新馬克思主義的整合，也可説是人本主義哲學家和精神分析心理學家。同時，他集精神分析與社會文化學派大成，被尊為「精神分析社會學」的奠基者之一。

　　弗洛姆從小學習《塔木德經》（猶太教的法典），祖父及其兩個哥哥都是祭司，一個舅公則是著名的《塔木德經》學者，因而人生觀受深遠的影響。可是在1926年，弗洛姆離開正統猶太教，轉向以人本主義解釋《聖經》的典範。他對《聖經》中亞當與夏娃被逐出伊甸園的故事的解釋，奠定了他的人本主義哲學的基石，認為人應運用其理智來建立自己的道德價值，不是以服從權威來建立道德價值。他讚賞能夠採取獨

立行動的人，但論點都是有違傳統基督教義，把亞當與夏娃的故事作為比喻，以進化論和存在主義角度解釋人類不安的情緒。按照弗洛姆的觀點，一切罪惡感和羞愧都源於人意識到存在的撕裂性，要解決這種存在的分裂，唯有全面發展人類獨有的特性——愛和理性。

弗洛姆強調愛的概念與一般有所分別，但實際上是含糊不清的，認為愛是人與人之間的創造力，而不是感情，以此創造力把各種用來當作「真愛」證明的自戀神經症和性虐待傾向區別開來。他相信愛的本質有四大元素：關懷、責任、尊重和瞭解，「愛情」的經驗似乎只代表一個人未能真正瞭解愛的本質。利用《聖經》中約拿的故事說明現今人際關係中，關懷和責任的特質已十分少見，現代人缺少對別人自由的尊重，更不瞭解別人真正的希望和需要。

再者，弗洛姆認為資本主義社會病態和不義，是來自於不符合人性和人的需求，據此他提出了人有五種需求（可參考本書第八章與第九章）：

1. 相屬需求：指人具有愛人與被愛的需求，希望認識別人，瞭解、關懷別人，並願意對別人承擔責任。
2. 超越需求：指人希望超越物質條件的限制，在精神上能表現出創造性的人格特質。
3. 落實需求：指人希望與別人、社會及與大自然親密結合，從而獲得安身立命的需求。
4. 統合需求：指個人力求自己人格統整，希望在世界上活出意義的心理傾向。
5. 定向需求：指個人具有努力尋求生活方向，從而獲得心安的心理傾向。

人是可以面對孤獨的

此外，弗洛姆認為人應付孤獨感的幾種心理機制，稱之為性格的動力傾向，四種傾向性都是人格的「病態」表現，針對有心理疾病的人而言，應該根據患者的心理需求和性格傾向實施治療。只有最後一種創造傾向性是人格常態的、健康的表現，對一般的健康人，應加以積極地引導，促使他們的人格健全地發展。

1. 接納傾向性：指人沒有生產或提供愛的能力，他所需要的一切完全尋求別人幫助、依賴別人，是接受者而不是給予者。
2. 剝削傾向性：並不期望接受，而是依其暴力、詭計等，從他人處巧取豪奪，以滿足自己的欲望。
3. 儲藏傾向性：把外部世界視為威脅，通過儲存和占有而獲得安全感。
4. 市場傾向性：價值觀是在市場上把自己當作商品，使自己具備適合雇主所需要的性格特徵。
5. 創造傾向性：充分發揮其潛能，成為創造者，對社會可以作出創造性的奉獻。

弗洛姆的人本精神分析

資本主義社會鼓勵個人奮鬥，給人造成了這樣一種錯覺：似乎每個人都在為自己的利益奮鬥，一切都是為了自己，但實際上，人追求的僅僅是經濟利益，經濟、資本不是人生命發展的手段，而是目的。生於資本主義社會中，在這種社會中長大，一直將資本主義當成天經地義的事，沒有人會去探究、檢討，似乎失業、貧富懸殊，都被認為

舒絲仕女除毛刀——捷運篇 / 書店篇 / 機艙篇

資料來源：第九屆時報世界華文廣告獎

是「物競天擇，適者生存」，人與人之間則越來越冷漠、疏離，這些都是資本主義主張競爭。

在這種社會中，人忘記自身的意義，忘了人的生存目的。從弗洛姆的人本精神分析中，我們可以看清楚我們身處的社會，以及找回人的真正價值和自我，也才能有超越自卑與接受不完美的勇氣。

 ## 第三節　自我認同：優越與自卑

人類的煩惱，都是人際關係的煩惱。現代人與人相處，容易因為比較（跟別人不一樣，或是覺得不完美）而討厭別人或自己，進而不想與人相處，覺得優越或是自卑。這是人生的故事，故事即人生，每個人都在潛意識裏有一套個人對自己、對人我關係、對人生與生活是什麼的故事。這組故事是人生的總指揮，即所謂的生命風格。生命風格反映出個體的自卑感與優越目標之所在，以及他如何克服自卑以滿足優越感的行動方向模式，透過認識自我、正面應對人生困難，進而如阿德勒所說：「我有被討厭的勇氣。」

超越優越與自卑：阿德勒

阿德勒（Alfred Adler, 1870-1937）生於奧地利，與佛洛伊德同是維也納精神分析學會的核心人物，並與榮格三人號稱「心理學三巨頭」。

但因佛洛伊德過分強調性本能而與他決裂，阿德勒強調社會動機與意識思考更甚於性衝動本能與潛意識的歷程，將心理學研究從「生物性」轉向「社會性」是他最大的貢獻，自創「個體心理學」亦為人本主

義心理學的先驅、現代自我心理學之父（自我啓發之父，針對每個人的
特殊心理經驗進行研究），對後來西方心理學的發展具有重要意義。

我可以有自卑感，但不要有自卑情結

阿德勒認為每個人或多或少都有自卑感，為了消除自卑感，人會努
力改善自己，在這個情況下自卑感成為讓個體變更好的原動力。求學時
期的阿德勒成績並不好，為了克服自己的自卑感，努力向學。他特別強
調身體器官的自卑是驅使個人採取行動的真正動力。但後來，他和其他
心理學者一樣，發現自己無法控制死亡而無力，便轉移到神經學和精神
病學研究，因此認識佛洛伊德卻也發現彼此想法的衝突，故而開展自己
的個體心理學。在1912年，他創立了個人心理學協會，還引進了團體治
療，是現代團體治療的先驅。

自卑情結（Inferiority Complex）與優越情結（Superiority Complex）

「覺得自己有所不足，不如人」是自我主觀的解釋，非客觀的
事實。尤其是在日常溝通中出現「因為A（或不是A），所以達不到
B」的邏輯，以此表面因果律來逃避問題進而表現優越情結（過度追
求優越），或是虛榮心、表現敵意、自以為是地批評所有人，承認他
人的價值，就像對自己汙辱，但實際上心中有著根深柢固的「怯弱情
結」，這是我們無意識支配自卑感與優越感而形成的心理問題。

人的心理有補償機制（前述），用來克服現存或是想像的自
身不足之處或缺點。但當有自卑情結的人採用過度補償機制（over
compensation）時，即會產生和表現出一種具有假象的優越感、喜歡玩

弄權力和操縱他人、缺乏同理心，用以掩蓋內心的自卑、焦慮和不安全感。

從自卑情結演變成優越情結的人往往是病態的批評家。喜歡批評、挑剔別人，但談論內容卻禁不起理性的分析和推敲。這種人往往人際關係較差，會透過網路等不用真實面對他人的方式去發表自己意見，明明自己並未較他人優異，卻表現出高人一等的態度，利用這種優越感來補償令人難以承受的自卑感。

認識自我，正面應對人生困難，肯定自己的勇氣

阿德勒的著作《自卑與超越》提及「不是環境如何影響我，而是我對環境的看法影響自我」。人是自主的，人是可以決定未來與創造自己的生活的，追求卓越，追求個人本身的完美，並將此視為生命的基本現象，而且是與生俱來的，當人對自己不滿意時會產生自卑現象，但這是正常的，也可以當作激發努力求進步的動機。克服自卑感、追求卓越的方法根據每個人的生活型態而定，主要根據幼時經驗養成，反映人的信念與處理事情方式。

肯定自己的勇氣，可以超越自卑：

1. 擺脫過去對人生、世界以及自己的看法。克服人生的困境。
2. 不要說：「不是我的錯。」
3. 面對與建立人際關係的勇氣（幫助別人認定自己是有價值的）。
4. 透過對團體創造有益的事，培養自我價值感。
5. 擁有貢獻感，追求他人認同的心理壓力消失，不再以滿足他人期待而活。

　　阿德勒說：「只要有心想努力改變自己，就非常有可能改變生活型態，直到人生落幕的前一二天，性格還是可以改變的。」

舒潔——上班族廁所文學

資料來源：第四十一屆時報金像獎

（續）舒潔──上班族廁所文學

資料來源：第四十一屆時報金像獎

CHAPTER **4**

行為主義學派的促銷制約

行為主義學派學者：＃巴卜洛夫　＃史金納

重點提示：＃古典制約學習　＃反射行為　＃工具性制約學習
　　　　　＃自發行為

我們「學習」很多日常行為而不自知，
因為很多行為是自然的生理反射，如喜怒愛樂等，
我們也以為被環境控制而不自由，
但，其實選擇或不選擇對人或環境反應，是我們可以控制的自
　發性行為。

　　牧師在台前證道，敬拜團火熱地帶領敬拜，基督徒熱切地開口唱詩歌和禱告，整個教會充滿「阿門！阿門！」的回應，這樣的儀式化行為長期「制約」了我們也形成了反射反應。試想，日常生活中有太多訊息透過反覆、持續地「露出（刺激）」，金色拱門的麥當勞、以綠色為主的星巴克咖啡、可口可樂的紅色和百事可樂的藍色，或是「只要三十天就會白（黑人牙膏）」、「整個城市都是我的咖啡館（7-Eleven City Cafe）」等……這些似乎「不知不覺地」訓練我們的「立即反應」（購買行為）。

 ## 第一節　古典制約學習：反射行為

　　行為主義學派反對精神分析過度強調人的行為歸因於本能與生物性，認為人的行為是透過刺激與反應的連結，非經過大腦，而是環境在影響我們，所以人無善惡或智愚之分，「孟母三遷」與「天生我材必有用」就是最佳寫照。

　　當上帝與我們同在的感動，我們從「意識」學習到「無意識（其實是潛意識）」地「立即反應」呼求「阿門」！每當廟會或是經過廟口，我們一定會「無意識」地雙手合十虔誠默拜……這些都是潛移默化「學會」的，甚或已經「制約」我們一生的行為。就如同我們從廣告中「學會」被「制約」了許多行為——買車基本配備需求是防鎖死煞車系統（ABS）和安全氣囊（AIR BAG）；百貨公司每年的節慶行銷，如情人節、母親節、父親節等活動推出，我們「學會」了在節日送禮的習慣；這一連串相互刺激的過程，是消費者與企業互相教育與學習的過程。消費者購買行為中充滿「學習」，透過不斷地學習過程建立一套購買準則，亦即消費者透過購買行為的發生、消費訊息和知識的獲得與累積等過程，將經驗應用在未來相關的行為中，此即為消

費者學習（consumer learning）。而企業行銷策略則是以直接與間接的方式和消費者進行訊息溝通，包括商品的包裝、通路的選擇、價格的制定、廣告促銷活動等的設計和操弄，因此行銷人員絞盡腦汁只為透過瞭解消費者如何學習與其學習的過程等，行銷策略方能奏效。

學習（learning）是研究消費者行為重要的課題，而行為主義是第一個影響行銷的心理學系統，尤其是促銷策略。反對佛洛伊德的精神分析學派的潛意識內省法來研究心理學，認為心理學應是研究可以觀察的行為而非思想。行為是由外在環境因素所造成，這些外在因素造成個人以某種制約的方式回應。美國心理學家華生（John Broadus Watson, 1878-1958）是行為主義學派創始人。該學派盛行於美國，影響擴及全世界，風行於廿世紀二〇至五〇年代，亦稱為行為心理學。其方法論行為主義（methodological behaviorism）認為思考與感受等認知經驗並未參與行為，而史金納（Skinner, B. F.）的極端行為主義（radical behaviorism）認為，思考與感受等私人隱晦事件，既是心理事件也是行為的一部分。

行為主義主張，心理學應該把焦點放在環境因素（自變項）與行為反應（依變項）的聯繫，且不應涉及心理歷程。行為主義著重實驗室的動物研究，和實驗室的科學數據，用動物的訓練方式來研究心理學的發展，研究人類行為及比較動物的行為是特色，但是泛推到人類身上頗引起爭議。

行為主義學派至少有二種型態：巴卜洛夫的古典制約和史金納的操作制約。

巴卜洛夫的狗

巴卜洛夫（Ivan Pavlov, 1849-1936），俄羅斯生理學家、心理學家、醫師。因為對狗研究而首先對古典制約作出描述而著名，並在1904年因為對消化系統的研究得到諾貝爾生理學或醫學獎。

巴卜洛夫1849年9月14日出生在俄羅斯，1936年2月27日歿，享年87歲。他剛開始是一位神學院的學生，但後來退出並進入聖彼得堡大學（University of St. Petersburg）學習自然科學，在1879年得到博士學位。

巴卜洛夫是一位在工作和習慣上非常規律的實驗操作者，他準時地在十二點整吃午餐、每天晚上準時在同樣地時間睡覺、每天準時餵他的狗，並且在每年的同一天離開列寧格勒（聖彼得堡）前往愛沙尼亞。如此的習慣直到他因為他的兒子維多（Victor）在俄羅斯白軍運動中過世而失眠為止。

在1890年代，巴卜洛夫研究狗的胃，透過唾腺來研究在不同條件下對食物的唾液分泌。他注意到狗在食物送進嘴裏之前便開始分泌口水，並開始研究這個他所稱的「靈魂分泌液」。他認為這些現象比起唾液的化學成分更加有趣，於是便改變了他的研究焦點，以調整食物出現之前的刺激來開始一連串的實驗。因此建立了他所稱的制約反射（conditional reflexes；又稱條件反射，一種反射反應，如唾液分泌受動物先前的經驗而制約）。這些實驗在1890年代和1900年代透過翻譯被介紹到西方科學界，但直到1927年才有完整的英文書籍出版。

不同於許多革命前的俄國科學家，巴卜洛夫受到蘇聯政府的高度認可，且能夠繼續他的研究直到相當大的年紀。巴卜洛夫本身並不認熱衷於馬克思主義，但由於諾貝爾獎得獎者的身分，被視為有價值的政治資產。當他在1923年從第一次美國訪問歸國之後（第二次在1929年），他公然地指責共產主義，認為馬克思主義的思想基礎是錯誤的，並說「我不會為了你們所做的社會實驗犧牲一隻青蛙的後腿！」批評這樣的迫害。

流口水的狗：以狗的唾液分泌作為實驗

首先用外科手術用特製的導管穿入狗的腮部與唾液腺相連，手術復原後，安置於特製的實驗室中，固定在套架上。實驗者在另一間小屋裏控制各種條件刺激，收集唾液以及呈現食物，而不被動物看見。

實驗程序：

1. 讓狗對情境適應後，利用自動裝置，將食物送到狗的面前（無條件刺激，Unconditional Stimulus, US）。當狗吃到食物時就分泌唾液（無條件反應，Unconditional Response, UR）。

2. 用一個與食物無關的刺激物（如鈴聲）（條件刺激，Conditional Sstimulus, CS），狗雖然對鈴聲引起注意，但並不產生唾液分泌。

3. 在鈴聲與肉結合起來刺激狗十至二十秒後，狗引起大量的唾液分泌。

4. 這種結合若干次之後，鈴聲便成了肉的信號，即鈴聲單獨刺激狗時，也能引起狗的唾液分泌反應（條件反射，Conditional Response, CR）。

上述狗的唾液分泌實驗，若是用符號表示其過程如下：

US（食物）→UR（唾液分泌）。
CS（鈴聲）＋US（食物）→UR（唾液分泌）。
CS（鈴聲）→CR（唾液分泌）。

古典制約學習（Classical Conditioning）：有條件的學習後才形成反射

巴卜洛夫首先將心理實驗情境中操弄（conditioning，或制約）的效果應用於人的學習模式中，其理論的基本架構認為：刺激和反應（stimulus-response）之間是透過個體生理上自然的連結，例如反射動作，但可經由實驗情境的操弄（即制約，條件化過程）加以改變，使個體對不同的刺激也產生相同的反應的學習過程。

刺激 ⟶ 反應

生理連結

巴卜洛夫依據動物與人條件作用的實驗研究結果，創立了「條件制約」學習說，後世稱之為「古典制約」。其理論基本架構是：刺激和反應之間是透過個體生理上自然的連結。而此觀點的延伸認為：所有學習都是連結的形成，而連結的形成就是思想、思維知識；而所有的培育與學習等各種訓練，以及一切可能的習慣，都是成長系列的條件反射。

古典制約與其說是一種反射動作，不如說是一種認知連結學習。古典制約程序在影響態度時是透過兩種主要的機制：一是情感性機制，也就是所謂的喜好移轉；另一是認知性機制，也就是指推論信念形成。

拒絕低頭族，抬頭更香濃──永和豆漿

資料來源：第二十七屆時報金犢獎

第二節　古典制約學習法則：行銷上的運用

一、刺激類化（Stimulus Generalization）

刺激類化是指對不同的刺激作出相同或類似的反應，以台灣舒潔面紙曾作過之電視廣告表現為例，表中可愛的小寶寶和小狗與舒潔面紙為不同的刺激，但消費者或觀眾都產生愉快溫馨的好感，此即為類化反應，廣告創意表現經常出現3B（嬰孩、美女和寵物，baby, beauty and beast）也是藉此效果。

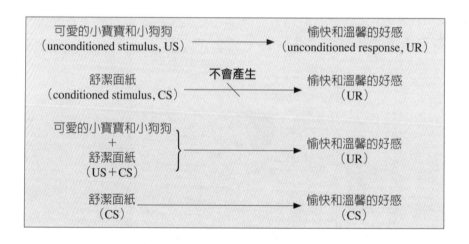

行銷策略中經常使用的類化原則：

(一)「老二品牌」（Me-Too）

後發品牌使用之策略。市場上領導品牌推出的商品經常為競爭者

跟隨（又稱跟隨者，follower），並高喊「我們也是」（me-too），促使消費者購買，例如好自在衛生棉推出防側漏的「翅膀」而成為市場領導品牌，其他競爭者便跟進也推出有翅膀的衛生棉產品以瓜分市場佔有率，即為類化之運用。

(二)「自創品牌」（Private Label）

源於美國連鎖超市為降低日常用品進貨成本，增加利潤，以公司或超市之名稱為品牌，自行生產或委託製造商代工（Organization Executive Merchandise, OEM），並以低於其他品牌的價格在超市貨架上作競爭，消費者對類似且價格低的日用品，只要試用滿意，以價格為導向時，通常也會選購，即為自創品牌不斷推出之原因。例如屈臣氏牙線、屈臣氏面紙、頂好超市推出「快省」自有品牌等。

(三)「家族品牌」策略（Family Brand）

企業所生產製造之產品皆以同一品牌在市場上推出，希望達到企業形象一致，也能藉由銷售成功的商品，讓消費者「類化」至其他商品上。例如菲力浦家電用品系列都以家族品牌策略成功地上市行銷，刮鬍刀、電熨斗、果汁機等；迪士尼公司以娛樂事業馳名於世，卡通人物之衍生商品創造行銷價值（授權行銷），米老鼠（米奇和米妮）的卡通錄影帶、玩具、書包、衣服等都是家族品牌類化的效果。

二、刺激區辨（Stimulus Discrimination）

與類化相反的是區辨，個體從眾多相似的刺激中選擇差異之狀況作反應，以行銷觀點而言，創造品牌與商品辨別是一種過程，以使消費者增加對某一品牌特殊的喜愛，亦即忠誠度的建立。同質化產品

（或後發品牌）在市場上希望可以與領導者「類化」，但領導品牌則希望消費者能夠「區辨」，長期的「教育」和行銷策略的配合是非常重要的，包括：

(一)產品獨特銷售點（Unique Selling Point, USP）

企業研發（Research and Development, R&D）和製造新商品過程中，開發商品之實質獨特點以此作爲行銷關鍵訴求於消費者，即爲USP。例如好自在衛生棉首創的加強穩定效果的「翅膀」，M&M巧克力的「只溶你口，不溶你手」等，都是廠商從產品本身開發的新賣點，即所謂的產品力。但是專利或獨特點隨時間消逝，而造成市場上其他生產者的跟風，因此擁有自創USP的廠商不但以產品本身教育消費者區辨，更以廣告的獨特點吸引消費者，創造廣告力即是長期目標的雙重作爲。

(二)廣告獨特銷售主張（Unique Selling Proposition）

企業藉由產品和廣告的USP雙管齊下，使消費者建立忠誠與認同，廣告獨特銷售主張基本法則包括：

1.找出其他品牌所無法訴求的特性——unique。
2.適合消費者欲求的銷售——selling。
3.發揮提議或提案的功能——proposition。

任何廣告都得向消費者表達銷售主張，以刺激購買動機；而此主張必定是競爭對手未曾提倡過或即使想提也無法做到的，即廣告的風格或魅力（tone & manner）等；這種主張非常強而有力，且能感動無數人並吸引新的消費者。好自在衛生棉以翅膀和知性女性廣告代言人，使目標消費者——女性認同並購買，而成功地使消費者區辨此品

牌與其他競爭者，但並非所有的企業都能開發產品的USP，因此創造廣告的USP也是建立消費者區辨的方法。例如台灣司迪麥口香糖並無產品特殊功能上的USP，藉其塑造的「意識型態」廣告表現方式吸引多數消費者的目光，且造成話題，增加商品的附加價值，即爲創造廣告的USP。

三、刺激重複（Stimulus Repetition）

刺激的重複主要是增加刺激與刺激、刺激與反應之間的連結（association）強度，以減緩遺忘的過程。以前面提過的舒潔面紙爲例，藉由可愛的小寶寶和小狗與舒潔面紙連結出現，重複的次數不斷增加，因而使消費者產生相同的愉快反應。

(一)三達理論（Three-Hit Theory）

行銷策略中以廣告訊息的重複運用爲主，因爲重複可以增加學習的強度和速度，例如台灣品牌開喜烏龍茶初入市場時，以密集的媒體策略，造成消費者注目與迴響。但必須避免重複的次數多於需求的量，而造成因過度學習所導致的疲乏效果（advertising wear out）。廣告學者克魯格曼（Krugman, 1972）針對此提出的廣告訊息三達理論，認爲訊息第一次出現爲使消費者知曉（awareness）商品品牌，第二次則爲理解（knowledge）商品效用，第三次訊息重複的目的則是使消費者產生需求認知（need recognition），而接下來的第四、第五次等訊息的重複則效果皆同，因此也打破了一般認爲廣告聲量需不斷強化，才能防止消費者逐漸遺忘的迷思，重複的次數剛好引起反應即爲有效。

(二)重複時間的安排

　　根據消費心理學者齊爾斯克（H. J. Zielske）的研究，訊息重複的次數或訊息重複在時間上的安排，會影響學習的範圍與持久性，因此為使商品在短期內取得知名度，必須密集而頻繁的重複訊息，即媒體排期策略中所提之「密集型」或「高峰間隔型」操作；但長遠規劃商品的品牌形象（brand image），則需將訊息以長距離平均的重複，作「脈動型」的媒體策略較為合適。前者如選舉期間候選人短期造勢活動，後者可常見於一般長青或長銷型的商品。因此媒體企劃（media planner）和購買人員（media buyer）作媒體考量時，應同時兼顧量與質的安排。

第三節　工具性制約學習：自發（操作）行為

　　凱蒂貓（Hello Kitty, HK）磁鐵，免費！一百天送出上億個。2006年4月底開始，全台籠罩在一股Kitty磁鐵風暴中，只要在統一超商消費滿七十七元，就能「免費」獲得Kitty磁鐵一個。Kitty搭配全店行銷的結果，讓統一超商當年五月份營收達到新台幣八十四億元，全聯不但加入凱蒂貓餐具贈品，也與知名廚具合作促銷。

　　Hello Kitty挾著驚呼與期待，讓全台灣消費者擁戴不已，背後潛藏的影像經濟學（image economy）和心理學家榮格（前二章）「集體潛意識」的概念，澈底顛覆傳統行銷4P（product, price, place, promotion）或是4C（consumer, cost to satisfy, convenience to buy, communication）。凱蒂貓的影像澈底「統一」熟齡（五年級生的回憶）、妙齡（六、七年級生的流行）或是學齡（八年級生的好玩）的消費者，儼然形成一種「消費烏托邦」（consumutopia）。凱蒂貓展

現的品牌魅力與7-Eleven操盤的行銷策略配合得天衣無縫，讓銷售推廣（sales promotion, SP）與消費者共鳴（communication & vibration）相互呼應，前者常用的指定行銷和後者的消費者洞察，不但讓競爭者不得不跟進，也一舉完成行銷攻堅的終極任務——提昇銷售額與來客數，更甚的是扭轉了便利商店在市場飽和的情況下缺乏消費者忠誠。

　　企業玩貓，讓這隻貓「制約」我們，難道我們真的是一隻「束手無策」被動如巴卜洛夫的狗嗎？或我們是「自由選」聰明的「老鼠」？讓史金納的工具性制約來說明！

史金納玩老鼠

必須要改變的，唯有環境。　——B. F. 史金納

　　史金納（Burrhus Frederick Skinner, 1904-1990）是美國心理學家，新行為主義心理學派的主要代表人。史金納出生在美國賓州的薩斯奎翰那，是家中的長子，從小就展現創造器械的天賦，對研究動物行為、人類行為也很有興趣。他曾說：「我從小被教導要敬畏上帝、警察以及人們的想法。」他的雙親都工作勤奮，並且會明訂一些行為規範要求小孩遵守。史金納在自傳裏，多處提到那些童年訓誡對他成年後行為所造成的衝擊。史金納清楚體會到，他成年後的行為就是來自童年時期受過酬賞與懲罰（即強化作用）所決定的。因此不論是他的心理學研究，還是把人視為「舉止有定律的複雜系統」，皆反映出他的早年生活經驗。

　　1922年他進入紐約哈彌爾頓學院主修英文。畢業後從事寫作，但因陷入低潮而失敗。1928年上哈佛大學專修心理學，成為當時著名心理學家布林的學生。1930年和1931年分別獲該校心理學碩士和哲學博士，此後五年留任哈佛大學研究員，1936到1944年任明尼蘇達大學講師、副教授。

　　1930年左右早期行為主義逐漸被一些新的行為主義所取代。而史金納受華生、巴卜洛夫對行為實驗研究的影響，首創新行為主義，並於1937年提出「操作制約學說」（operant conditioning），基本觀念就是：行為可以受結果（緊接著行為之後的事）所控制。亦即，探討行為的結果，如何影響再次採取該行為的機率。第二次世界大戰期間，曾參與軍方秘密作戰計畫，採用「操作條件」作用的方法訓練鴿子，用以控制飛彈與魚雷。1947年重返哈佛大學，擔任詹姆斯講座，並被聘為該校心理學系的終身教授。直到八十多歲，史金納仍然憑著熱情與執著持續工作，保持著規律的習慣。1990年8月18日卒於波士頓。

史金納讓老鼠跑迷津（Hungry Mouse）

　　史金納研究工具制約的實驗是通過「史金納箱」來完成。在箱中讓小白鼠自行探索，偶然的機會中小白鼠按到箱內能牽動食物的槓桿時，就有食物掉在小盤上，小白鼠就可以吃到食物。小白鼠要吃到更多的食物，就必須要重複多次去按壓槓桿，才可以獲得食物。

　　史金納認為動物透過自身所做的活動或某種操作才能得到強化物（食物）而形成的條件作用，也就是老鼠按槓桿的反應中，按壓槓桿變成了取得食物的手段或工具，故稱之為「工具制約」。

　　史金納相信大多數人類與動物的行為是透過操作制約學習的。例如，嬰兒一開始的行為表現是隨機、自發性的，只有其中部分會被父母所強化。而被正面強化的行為會持續，但不被父母贊同的行為就會削弱或停止。這表示，人的行為會對環境產生作用，環境也會以強化作用去影響人的行為。

狗和鼠的對待不同：強化是行為的基礎

　　史金納與刺激——反應（S–R）心理學的差異，是區分反射性行為和操作性行為。反射性行為是指由已知刺激所引起的反應，具有不隨意性。強化此項反應的動作可以加強此反應，也增加了反應重複出現的可能性。例如：光引起瞳孔收縮，酸入口引起唾液分泌（較生理性）。操作性行為則是在未知的刺激下自發產生的反應，不是對已知刺激的應答，但可以對環境施加影響，具有隨意性，謂之「操作性行為」。因此，這類行為可說是一種自主性的行動，例如鴿子啄地。現代科技進步，人似乎離不開手機，聽到手機鈴聲立即有接電話的反應，是前者「反應性行為」；但是選擇說與不說話則是自發性，屬於後者「操作性行為」。

　　簡而言之，工具性制約與古典制約學習最主要的區別，巴卜洛夫的狗屬被動，即被動地「等待」CS（制約刺激）與US（非制約刺激）的配對出現，產生反應；史金納的老鼠實驗，發現動物（老鼠）會作出某種行為（操作制約），主要目的在獲得酬償（reward）或是逃避懲罰（punishment），即對刺激產生自發性的行為，可主動操作外界事物、改變環境，

　　史金納認為巴卜洛夫主要研究的是反應性行為，而他自己主要研究的是操作性行為。他把應答性行為的制約作用，即巴卜洛夫的「古典制約」視為「刺激型－S型」制約作用，把自己的工具制約視為「反應型－R型」的制約作用，並且認為後者在人類學習中實際上更為重要。

　　所以，狗是被動地等待刺激的配對出現，所以行為是可以塑造的；而老鼠則是主動地尋找刺激找到食物，要先付出代價，才有收穫。

第四節　工具性制約學習法則：行銷與管理上的運用

　　工具性制約（又稱操作制約，instrumental conditioning）在臨床、商業與教育等領域裏，都可見到心理學家史金納的操作制約技術用來改變或是塑造人類行為。不僅可以運用在兒童與成人身上，不論心理健康與否的人，抑或個體與群體行為，都可以看到效果。應用於消費者的購買行為，則是在購買過程中不斷試誤（trial-and-error）經驗，嘗試購買後獲得滿意的結果是一種酬償，而失敗的經驗是下一次購買的學習。一般而言，「人」（消費者）總是「趨吉避凶」、「趨樂避苦」和「趨酬避罰」的。因此，行銷者致力於研究如何「工具性」地使消費者在購買經驗中獲得「好的（酬償）」結果（效果律），而持續、重複此購買行為（練習律）。

行為的塑造和矯正：連續漸進法

　　操作制約應用在解決一般企業和政府單位等人事管理方面相關的問題，包括其應用的結果顯示可以減少員工曠職、遲到以及濫用病假等問題，且還能增進人員的工作表現與職場安全。此外，還可運用該技術來做低階工作技巧的訓練。其強化物包括薪資、休假制度、工作保障、上級的表揚、津貼補助、職級地位以及個人成長的機會等。

　　連續漸進法是指只有當個體行為在連續的階段中趨近最後標的行為時，才施予強化。工具制約中的強化作用，並不是用來增強特定的反應，而只是變化同類反應的未來機率。強化可分為正性及負性強化，正性強化是對人有益的刺激物，能增加其行為發生的可能性。

　　負性強化例如史金納在對鴿子實驗時，消除傷害或討厭的刺激物（中斷電擊）能增加其啄鍵盤的行為。負性強化與懲罰作用不同，前者是增加某個反應，後者是抑制或消滅某個反應。1938年史金納在他的著作《有機體的行為》一書中，把學習的公式概括為「如果一個操作發生後，接著給予一個強化刺激，那麼強度就會增加」。不過在工具制約的學習中，被增強的不是某個特殊的反應，而是作出某個反應的一般傾向。我們可以從訓練馬戲團裏的動物和海生館裏的海豚表演得知，馴獸師每每在海豚作出翻滾或跳躍的動作後，就給與食物作為獎勵，所以可愛的海豚就會遵照指令做出令觀眾驚歎不已的表演，但是馴獸師可並非每次都給獎勵，拿捏和掌握獎勵出現的時間和間隔（這就是連續漸進），而不至於使海豚「削弱」表演的「興致」，反而更能塑造牠們的行為，就是馴獸師熟練「工具性制約學習」的秘訣。

代幣制度

　　一個操作制約應用的典型例子就是代幣制度。最早的研究是在一所州立精神機構，某個容納四十多個女性精神病患的病房裏。看護人員規劃一些工作機會提供給病患，有做事的病患就可以得到代幣，憑代幣可以去購買物品來改善她們的生活品質。結果發現，病患不只變得會照料、打扮自己，也變得不再那麼依賴。

　　在台灣，國旗、先總統蔣公的照片也能治療失智的八十、九十歲老榮民。為了幫助榮民之家失智症的長者控制病情，台北榮家透過環境改造，放置蔣公照片、豎立國旗，原本老伯伯會隨意小便，現在看到這些他們尊敬的物品，所有難以控制的壞習慣立刻改善。

迷信行為

在實驗室中的白老鼠，無論做什麼行為都給予強化，每十五秒鐘就彈射一顆食物給予強化，結果造成老鼠許多奇怪行為。這種沒有依據標準給予強化後所出現的行為，史金納稱之為「迷信行為」。例如誰會在每場球賽前去抱射球的門柱，一位國家足球聯盟的足球員某次無意間做了這個動作之後成功踢球得分，他就以為是這個動作帶來好運。

而黑松沙士曾在行銷活動中與La New熊（現改名Lamigo桃猿）職棒球隊合作，熊隊球迷聲稱觀看與「統一獅」隊比賽時，只要一進場就舉行「開黑松沙士瓶蓋」，並且「暢飲黑松沙士」，就可以讓「黑熊殺獅」（閩南語諧音黑松沙士）！因此，黑松沙士無意間透過此「迷信行為」的「儀式行銷」，讓品牌又年輕化許多！

削弱與遺忘

操作性削弱比操作性強化的發生速度慢。如受連續強化而加強的反應，在強化停止後很快削弱。受到間歇性強化而加強的反應，在強化停止後削弱較慢，削弱由無強化所引起，遺忘是由於時間的推移而逐漸消失習慣。如果沒有伴隨削弱的時候，遺忘也會進行得很慢。

聽到熟悉的軍歌，八十、九十歲的老榮民頓時手舞足蹈起來，原本需要枴杖支撐，這下子全不用了。他們精神抖擻的模樣，殊不知他們患有失智症，近期的事情全忘光光，但年輕時的事可記得一清二楚。聽到軍歌等陳年往事，這些都是心靈療癒的良藥。

行為的自我控制

根據史金納的理論，行為是由人以外的變項所控制與改變，並沒有內在歷程、驅力或其他內在活動決定我們的行為。儘管外在刺激與強化物在形塑與控制我們的行為，我們仍然有能力可以「自我控制」。史金納的意思並非只在某種神秘的「自我」控制之下去行動，而是指在某種程度上，我們可以控制那些決定我們行為的外在變項。

烏托邦

《*Walden Twp*》是史金納1948年所著的小說，所描述的是一個完全按照工具制約條件反射原理設計的小型烏托邦社會，不存在婚姻問題、不存在金錢問題、沒有撫養問題，也沒有學校分級和畢業問題，在這樣一個什麼都能夠滿足的世界中，人類可以滿足各種需求而達到自我實現的目標，也就是理想國的境界。

史金納理論的反思

史金納的行為主義仍繼續被應用在實驗、臨床和組織情境中，但它原有的主流地位已逐漸受到1960年代興起的認知心理學運動所挑戰。到後來，史金納不得不承認他的心理學體系該讓位，其他心理學家也注意到史金納的行為論已經「從受到多數的擁載淪為過去式」。雖然地位已被認知心理學所取代，但是他的影響力仍舊存在許多方面——不論從教室到生產線，或是從史金納箱到精神機構。史金納仍相信，藉由操作制約，它提供了一種改進人性與人類社會的技術。

工具性強化法則：不可不知的促銷操作

(一)增強作用

工具性制約學習中，消費者從購買行為所獲的酬償，是一種促使消費者再行動的增強作用，行銷人員也就是依增強作用的兩種形式採取不同的策略。

■正性增強（Positive Reinforcement）

商品或服務使消費者滿意，或提供正向利益訴求的訊息，而使其重複購買。例如沙宣洗髮精廣告所言使妳擁有「沙龍般的美髮」；麗仕（Lux）洗髮精使妳的美髮「柔柔亮亮、閃閃動人」；多芬（Dove）洗髮精使秀髮如牛奶般滑順，這些使用後的正面經驗強化妳繼續購買的意願。

■負性增強（Negative Reinforcement）

某些負面的結果也導致消費者的反應。例如花旗旅行支票廣播廣告以小偷的旁白道出「這玩意兒對正主有用，可是對我們則是廢紙一張」，提醒消費者出國旅遊隨身現金不安全（負面），可以旅行支票代之；廣告表現中恐怖訴求也是一種負性增強的作用。安泰人壽的黑色幽默廣告，反向訴求「天有不測風雲，人有旦夕禍福」，保險才是上策的預防性觀念，也是一例。

■懲罰與負強化

懲罰的缺點在於見效快速，但效果維持不久。懲罰引起的反應若不是急著逃跑或反擊，就是表現頑強的冷漠。這些糟糕的結果你在監獄、學校、或任何使用懲罰的地方都可以看的到。

負強化與懲罰不同。所謂負強化物是令人嫌惡或有害的刺激,去除掉它便是一種酬賞。我們可以在日常生活中看到例子。一個有菸癮的人會因為怕被配偶或同事嘮叨而戒菸。於是嫌惡刺激就會等表現了期望行為而停止。

(二)增強作用之安排

增強作用在時間和次數的安排上十分重要,行銷策略中促銷活動的規劃與設計便是以此奏效,促銷(sales promotion, SP)是行銷活動中推廣組合四要素之一,近年來成長極為快速。

■促銷的定義

「對業者或消費者提供短程激勵之一種活動,以誘使購買某一種特定產品。」但近年來,整合行銷傳播概念大行其道,行銷人員開始思索,促銷除重視短期戰術運用外,是否也可對品牌建立長期的正面評價。於是,西北大學整合行銷傳播教授Don. E. Schultz即以戰略與戰術雙重觀點重新定義促銷活動,認為:「促銷活動是一種傳播與行銷活動,以改變目標市場對產品或服務價格(price)/價值(value)關係的認知,藉此可激發立即的銷售,並且改變長期品牌價值觀。」

■促銷活動之目標

依據Belch & Belch整理促銷活動主要在達成下列目標:

1.獲得試用以及重複購買,適用於新上市的品牌開發。
2.增加舊品牌的消費:提高對舊品牌的新興趣,並吸引競爭產品使用者。
3.守住現有消費者。
4.增強廣告與行銷力。

因此，促銷活動將消費者區分為四種，每一種對所欲達成之效果皆不相同，如**表4-1**所示。

表4-1　消費者類型與促銷活動之效果

消費者類型	所欲達成之效果
忠誠者（royalty）	強化其行為，增加購買量，改變購買時程
競爭品牌忠誠者	破壞忠誠，說服轉換購買本品牌
轉換者（switcher，同時使用多種品牌）	說服其購買本品牌
潛在購買者（prospect）	創造新產品類別，並建立品牌知名度，說服購買和使用習慣

(三)促銷活動的設計

操作性制約的概念在促銷活動中非常重要，亦即行為的結果會影響該行為重複出現之頻率。若獲得正面的影響而重複此一行為稱之為正性增強作用；換言之，若行為能導致愉悅，則該行為出現的頻率增加，進而形成顧客忠誠。正增強依其出現方式，包括間隔時間和次數，分為下列四種方式設計促銷活動：

■固定比率強化（Fixed Ration Reinforcement, FR）

此為「按件計酬」式，即消費者累積固定的件數，才給強化物。常見的集五個醬油瓶蓋就送水晶碗，強化的方式對消費者的行為有控制力，因為只要買了三瓶醬油就會想湊五個，以得到強化物——水晶碗。

■不固定比率強化（Variable Ration Reinforcement, VR）

不固定比率強化在於受試者（消費者）總是等待強化物（贈品或促銷活動）的出現，才作反應（消費），而且一直維持相當高的期待水準，台灣每單月份的統一發票對獎和公益彩券「助人又中獎」的

活動方式，即為典型運用的例子。促銷活動中「刮刮樂馬上對獎」、「百事可樂再來一罐」、「黑松集字大抽獎」等皆是，即使消費者第一、二次未能中獎，但卻抱持著「總有一天等到獎」的心情。

■**定時強化**（Fixed Interval Reinforcement, FI）

　　受試者（消費者）每隔一固定的時間就會獲得強化物（折扣、酬勞），因此在這時距前後受試者表現特別賣力，消費者情緒較高昂，普遍見於發薪日的前後、百貨公司的周年慶、換季折扣，消費者可預知增強的時間而「大買出手」。例如台灣SOGO百貨公司周年慶，VIP會員創下千萬元的驚人消費，除活動前的廣告宣傳成功，也因消費者一年期待這一次。

■**不定時強化**（Variable Interval Reinforcement, VI）

　　不定時強化是不依固定時距給強化物，其出現的快慢完全依受試者（消費者）努力的多寡，也就是想要較快獲得強化物就必須下工夫，海洋世界中海豚的表演即為此，廣播節目中call-in猜獎活動，聽眾或觀眾必須努力打電話才有機會玩遊戲以得獎，就是塑造消費行為最佳例證。

Ford專業服務廠——落葉篇

資料來源：第二十五屆時報廣告金像獎

CHAPTER 5

行為主義學派的粉絲聚眾

行為主義學派學者：＃班杜拉

重點提示：＃社會學習　＃從眾心理　＃指定行銷

　　　　　＃置入式行銷　＃事件行銷

我們都有從眾心理，因為社會學習的結果。

我們在不知不覺中被指定行銷或商品置入，

因為易於聚眾粉絲，達成長期洗腦的效益。

我們透過事件行銷獲得參與感，以完成儀式過程的美好。

　　亞洲天王歌手周杰倫有一首歌《聽媽媽的話》，媽媽常說：「要往人多的地方去，比較安全！」，很自然養成我們的「聚眾」與「排隊」行為，台灣鼎泰豐小籠包店前排隊的日本觀光客、甜點名店前有排隊的路線、電視台或報章雜誌推薦的牛肉麵店前就會大排長龍……代表這些餐廳美食有人氣支持就有保證，因為「聽媽媽（或網紅）的話」也許可以避險或免責。

　　真的是這樣嗎？難道我們也和前一章所提及的狗和老鼠一樣嗎？我們自豪的判斷力到底怎麼了？難道我們被社會這個大環境給「教化或同化」了嗎？我們學會跟別人一樣比較安全嗎？

 # 第一節　社會學習：人的從眾心理

　　人是群居的動物，無法離開人獨自生活。即便是現今網路世代，我們可以在鍵盤背後看似離群索居，但仍與認識或不認識的人存在著雙向互動（社群中的偷窺或觀看也是）。

　　消費行為簡而言之就是問題解決。當我們產生消費行為，有時需要意見與有效的資訊來源時，我們便會依照接收到的訊息引導購買。就算我們沒有主動向別人徵詢意見，日常生活中的交互影響，例如口碑或詢問，也不免受到他人的影響，這些人被定義為參考群體（reference groups）。

參考群體：從眾的背後

　　參考群體是指任何會成為個人在形成其態度、價值或行為上的參考或比較對象的個人或群體。消費者會觀察這些參考群體的意見影響，並加以學習，同時也會受到該參考群體的意見影響，而採

用相類似的標準來形成自身的消費決策。在傳播領域又稱爲意見領袖（opinion leader）。而參考群體之中，又可分爲直接群體（direct groups）與間接群體（indirect groups）兩大類。

(一)直接群體

又稱成員群體（membership groups），指參考群體與被影響者都是有相同身分的人，如我們的親人、同學或同事。又可分爲主要群體（primary groups）和次要群體（secondary groups），前者指與消費者互動較密切的成員，如情人、家人、鄰居；後者則指互動較不密切，但仍具有相同身分的群體成員，如熱舞社的社團同學、音樂社的同學。

(二)間接群體

又稱爲象徵群體（symbolic groups），指與我們不是具有相同身分，卻會影響我們行爲的參考群體。可分爲仰慕群體（aspirational groups）、拒斥群體（dissociative groups）和虛擬群體（virtual groups）三種。

■仰慕群體

讓我們想要加入的群體，如偶像明星崇拜，又可分爲期盼仰慕群體（anticipatory aspirational groups）和象徵仰慕群體（symbolic aspirational groups）。期盼仰慕群體指雖目前不是此群體的成員，但未來想成爲或有可能成爲此一群體的成員，好比小職員想要往上爬到高階主管的職位。另外，象徵仰慕群體是指儘管參考此仰慕群體的價值觀念與態度，但未必想或可能成爲此一參考群體中的成員，像是優秀的運動員、國際巨星，我們只是嚮往而非變成其一。

■拒斥群體

我們會想刻意保持距離的參考群體，多半是與社會主流價值相異的人群，如罪犯、吸毒者、穿著過時者。

■虛擬群體

網路興起的社群，又稱虛擬社群，例如微信朋友圈、Line、論壇、部落格等社群媒體。例如小S代言商品，企業在設計廣告訊息時，都帶著她特有的無厘頭風格。因為現在的消費者，對於她的風格形象有了既定認知，進而產生仿效與學習的現象，甚至現在的許多青少年，行為表現或肢體語言上都帶有小S的影子。然而企業是希望讓代言廣告的小S成為期盼仰慕對象，讓消費者產生認同。這便是利用消費者的仿同心理，來達到廣告效果，進而購買。消費者使用產品的過程中會產生對結果的預期，等結果產出，對此產品形成自我認知，這就是班杜拉強調經由學習產生的自我效能（**圖5-1**）。

當我們對此商品產生認知後，也可能去影響我們的朋友、家人，我們便成為他人購買此商品時的參考群體，也是班杜拉所謂的學習仿效對象。消費者參考群體中，網路上的虛擬社群是目前最熱門的行銷管道。

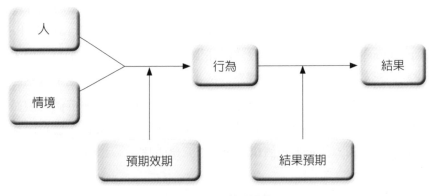

圖5-1　社會學習歷程

　　班杜拉的理論著重人的行為模式與學習模仿過程的交互關係，他特別強調個人認知對行為的重要影響。在他的社會認知治療概念中，處理方式是透過倣效和引導式參與來獲得認知和行為的能力。認為通常能引人注意、博人信任、有合理的標準、能令人作實際的自我比較的對象，都是好的楷模。根據班杜拉的理論，可以發現倣效的對象或是楷模對於一個人的行為會產生很大的影響。

班杜拉的社會學習理論

　　班杜拉（Ablert Bandura, 1925-　）是行為主義的修正者，是社會學習論的創始人，是嘗試將心理學理論用於改變人類行為非常成功的一位心理學家。

　　1925年出生於加拿大北部阿爾伯達省。中學畢業後先入不列顛哥倫布大學修心理學，三年後進美國愛渥華大學，1951年獲碩士學位，1952年獲博士學位，進入史丹福大學任講師，1964年升任教授。1980年獲APA頒贈傑出科學貢獻獎。

　　在史丹福大學任教期間，開始了他對心理治療中的交互作用歷程和家庭型態的研究，進而研究兒童的攻擊行為。且在校期間深受當時著名心理學家N. E. Miller與J. Dollard合著《社會學習與模仿》（*Social Learning and Imitation*）一書的影響，奠定了社會學習論的基礎。

　　他和他所指導的第一個研究生Walters共同研究攻擊行為的家庭因素，引起對人格發展中倣效歷程的重視，亦即人格發展可以透過觀察他人行為而學習。班杜拉本屬行為學派，在六〇年代開始因受認知心理學發展的影響，感到史金納極端行為主義過於重視外在強化作用的控制，而忽略個體對其行為的自主性與社會因素。

社會學習理論：期待又怕受傷害的人際學習

社會學習理論強調人與環境互動過程中，為適應環境而學習某一些行為模式。此理論融合了社會學中研究個體與群體間的交互影響，包括行為主義學派中個體學習的歷程，以及認知學派中個人行為決策之模式等觀念，因此研究消費者購買動機時，常發現消費者是因模仿同儕朋友而購買，或是抱持著「又期待，又怕受傷害」的心情購買等，皆為社會學習論探討的重點。

(一)個人、行為、環境三者的交互作用

社會學習論是從交互作用論的觀點出發，強調個體行為受環境中別人的影響，個體不必靠經驗，不需經由強化作用，只需經由觀察模仿，即可建立新行為或改變舊行為。模仿行為屬意識性的，因此個體可以自主決定。所以班杜拉認為人類行為的發生，是由內在的歷程和外在的影響兩者間複雜交互作用的結果。

(二)所學的不一定會「秀」出來

班杜拉認為行為的學習和表現應當分開。在某個時候可能已經學會了某項行為而沒有表現出來。無論有無增強作用，一個人都可以學會一種新的行為，至於他是否會表現該項行為，得視有無增強作用存在。然而學習和行為兩者間需透過三個相互關聯的機制：替代過程（vicarious process）、認知過程（cognitive process），以及自我調適過程（self-regulatory process）。

(三)觀察學習

　　人可以經由觀察他人的表現而學習某種行為。經由觀察學會行為，可節省許多嘗試錯誤（trial and error）的歷程，直接展現最佳的表現。增加學習的機會，只要觀察到就有機會學習，不需要任何增強作用。

(四)替代學習

　　經由觀察他人行為而學會情緒反應的歷程。觀察者不但可以經由觀察學得行為，也可以觀察被觀察者（也許是偶像）的情緒反應，並隨之對該有關的事物或情境產生同樣地情緒反應，或許從未和該事物直接接觸過。我們平日對於許多的人或事物所存的恐懼或嫌惡、愛好或崇拜，常都是透過「替代學習」的歷程習得的。例如美國一則拒菸公益廣告 "children see , children do"，孩子從小看父親飯後或沉思時都會點上一根菸，長大後遇到相同情境也模仿父親的抽菸行為。

　　觀察者對於「偶像」的受獎和受責，有了感同身受的效果，此為「替代性增強」。事實上，由直接經驗導致的學習現象，都可在替代的基礎上發生，即都可透過觀察別人行為及其結果發生。例如同屬偶像歌手的周杰倫和蔡依林，曾發生因唱片銷售數量看法不同而透過媒體唇槍舌戰，這是演藝娛樂圈的羅生門，但各自的「粉絲」則立即透過網路筆戰串聯更多的網友為自己的支持者護航與澄清。

(五)期望論

　　班杜拉認為個體內在的思考歷程是必須探討的。一個人的行為不是完全盲目的，而是依照自己的經驗和觀察學習的結果，對行為的後果，也有些預期。換句話說，在一種行為表現之前，他對該行為是否

會獲得獎賞或蒙受懲罰，都有一些預見的期望，也可以說是有既定目標的。同樣地，社會心理學家維倫（Vroom, V. H.）認為個人採取某種行動之前，評估此行動會導致某種效果的可能性或機率，此即為動機期望水準。而此期望通常是個人內心主觀的機率，其量化值介於+1和-1之間。

■純粹期望理論

社會心理學家維倫於1964提出純粹期望理論（expectancy theory），認為期望理論是以三個因素反映需要與目標之間的關係，例如要激勵員工，就必須讓員工明確瞭解：(1)工作能提供給他們真正需要的東西。(2)他們想要的東西是和績效聯繫在一起的。(3)只要努力工作就能提高他們的績效。

■違反預期理論

學者伯格論（Burgoon, J. K.）於1978提出違反預期理論（expectancy violation theory），說明人對於他人的溝通會有一種期待，當他人的溝通行為與自身的期待不一致時，也就是他人的溝通行為違反了我們的預期時，人們會藉由自身心中發展出的認知（知、感、意），來判斷這樣的「違反」是正向或負向。

■自我調節的觀點

Higgins在1997年藉由自我調節（self-regulation）的觀點，解釋人如何極大化快樂與盡可能地避免痛苦（趨樂避苦的本我），人在調整自己從現有狀態邁向所欲結果時，有兩種不同的動機傾向：

1. 對正向結果出現與否的關切，稱之為「促進焦點」。處於「促進焦點」狀態時，人會強調、在乎自己的理想，更強調行為結果的「獲取」與否，對行為的正向結果更敏感，更傾向以「趨向」作為行為的策略，例如中過樂透，會關注且持續購買。

2. 對負向結果出現與否的關切，稱之為「預防焦點」。當人處在

「預防焦點」狀態時，會強調安全的需求，在乎自己的責任，強調行為結果是否會造成「損失」，對行為的負向結果更敏感，更傾向於以「逃避」作為行為的策略，例如打預防針。

女性消費者通常希望擁有一頭烏黑亮麗、如嬰兒般柔細的秀髮，因此在嬌生嬰兒洗髮精購買前和使用後，都有期待效果。如果真如廣告所言之效果，則造成續購力，反之則拒購。行銷人員依產品吸引消費者的程度和產品使用後效果，是否消費者預期能達到此結果的程度，來預測消費者的購買行為。

1. 自我調節作用：每個人對於行為有其自我標準。在某種情況下，「我能做什麼？」，「我該做什麼？」，「我會做得怎樣？」……等等，都一定有其主觀的認知，而且他會根據這些資料，隨時調整自己的行為，也同時調整自己的期望，班杜拉稱之為「自我調節作用」（self-regulatory process）。
2. 自我觀念：社會認知論者以為行為表現過程的認知作用中，當事人對其本身的認知乃是其極為重要的部分，亦即「自我觀念」，意指一個人對自己各方面的主觀印象。
3. 自我效能：在自我觀念中，班杜拉最重視的是「自我效能」，指一個人對自己在某種情境下表現某種行為能力的預期。人的自我效能和他的目標、行為動機，以及其表現的成果，都有密切關係。人的「自我效能」信念將決定其動機的強度。他指出：自我效能通常會經由動機資訊處理的共同作用，影響人的認知功能。班杜拉的研究多半用於在心理疾病治療方面，強調自我效能與健康之間的關係。例如憂鬱症患者成長過程中的家庭學習歷程，現代社會媒體暴力行為對孩童成長學習的影響。他也利用觀察學習和自我效能等簡明的概念，建立認知行為治療的理論基礎。

4.成就動機理論：心理學家莫芮（Murray, H.）最早從事成就動機之研究，他認為成就動機（achievement motivation）是人的基本需求，所以克服困難、追求挑戰、完成目標是必要的。而麥可蘭（McClelland）和艾金森（Atkinson）兩位社會心理學者以莫芮之研究為基礎，發現個人對事件成功機會的大小會影響其行動。一般而言，成就動機高的人，喜歡從事具挑戰性且高風險的工作，解決問題的意願較高，因此這類型消費者的購買行為屬充分情報型，購買前主動蒐集產品相關資訊，常見於團體中的意見領袖（opinion leader）；而低成就動機者則相反，消費者購買較易受外界因素的干擾，不易作購買決策。

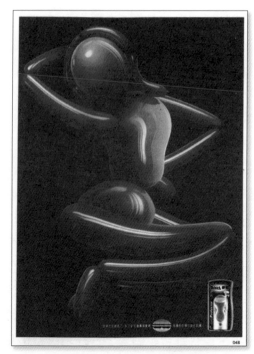

舒絲仕女除毛刀——氣球篇

資料來源：第二十五屆時報廣告金像獎

第二節　指定行銷：粉絲聚眾的效果

　　指定行銷是企業透過消費者心理達成「降低冷賣庫存，熱賣缺貨的窘境」的目標，藉由各種銷售推廣的創意，讓消費者在遊戲規則中，不但指價（固定價格）、指點（通路）、指名（品牌），更指比較（競爭者），基本常見的手法有KTV在周一到周四推出「午夜歡唱」、餐廳非正餐時段的「下午茶199吃到飽」，指定點的百貨公司「花車撿便宜」、通路的「我發誓最便宜」、「天天查價」，以及「指名聯強貨，維修有保障」、「嬰兒奶粉，男生喝優生，女生喝亞培」的品牌連結，到不讓競爭者獨大卻又陷入「賽局迷思」中的「囚犯困境」（是否要跟進），只好硬著頭皮奉陪到底，「全國加油站降價5元，我們降7元……」、「77元送磁鐵，66元送獎金」……

　　然而，指定行銷不見得能讓行銷者心想事成，降價吸引顧客上門或是提振業績等，如果操作不當反而有損品牌形象，更快退出市場競局，陷入促銷的迷思，為求短期銷售量，只好「跳樓拍賣」……因此，洞察消費者（consumer insight）和消費者心理需求（consumer inside）是決勝關鍵，才能讓指定行銷達成錦上添花的效果。消費者到底喜歡什麼？

1.限量是一種炫燿型消費：限量商品背後隱藏的是「奇貨可居」、「並非人人皆有」、「炫燿的人際關係」等消費者心情，當時統一超商推出促銷活動，消費者的問候語是「31款 Hello Kitty，你收集了幾款？」、「全球僅有台灣地區授權生產 Hello Kitty遊台灣，你知道嗎？」，不但顯示你的流行敏感度，也讓你沒買到或是買不到的焦慮感直線上升。

2.集體收集狂熱：消費集體潛意識的顯現，不但滿足「迷」世代達成「粉絲經濟」的規模，也催眠了「非迷」的同仇敵愾，一起協助完成任務，「感謝顧客對Hello Kitty的支持，60萬片磁鐵收集板，仍供不應求……」。

3.消費者喜歡排隊：人氣就是買氣，聚眾「每家7-Eleven供貨量為36片，37位為候補，敬請耐心等候……」。

4.贈品本身就要有媒體效果，收集是一種療癒過程。

一、免費行銷

台灣中國信託銀行推出「紅利點數也能當飯吃」紅利兌換活動，讓卡友到7-Eleven透過自動提款機（ATM），就可以「免費」兌換想要的商品，不但可以把紅利當飯吃、喝飲料、看報紙，還可在KTV唱歌時，換小菜來吃。短短四個月，卡友已經兌換了130萬件商品，兌換點數超過3億點。

台灣的電信業者推出「零元手機專案」，消費者只要綁約三年，繳交四百九十九元月租費，就可以「免費」獲得新款手機。這波零元促銷，一共推出兩款手機，短短兩個月內，電信業者增加超過十六萬名新用戶。零元行銷強大威力，零元Kitty、零元便當、加上零元手機，它們通通透露出同一個訊息，免費行銷的魅力。因為利率低的關係，讓企業在推出零元行銷時，風險和成本都降低，更因此助長零元的大行其道。但看似大方的免費促銷，其實是經過企業縝密的行銷算計。

這個概念源自於「硬廉軟貴」放長線釣大魚策略，舒適牌早期推出拋棄式旅行刮鬍刀，有別於傳統昂貴又不易攜帶，價格便宜吸引男性購買，但更換內裝的刀片則價格不便宜且有制式規格，如此一來消費者先被吸引上鉤，後續讓廠商賺更多。

　　免費行銷的方式，是先降低消費者的使用門檻，等到消費者購買後，讓消費者建立使用習慣。從行之有年的百貨公司大方送贈品，就可得到印證。一般來說，當零元行銷奏效，消費者「上鉤」之後，企業接下來的獲利模式可分為「基本費」和「使用費」兩種。基本費模式，就是企業要求消費者繳納基本金額，然後消費者可以「吃到飽」使用。這類模式因為收費單純簡單，而且會讓消費者有「吃得愈多，賺得愈多」的心理，因此可以增加消費者長期使用，採取讓消費者繳納固定的月租費用後，就可以不限時數的上網。硬廉軟貴，軟體不用錢，但硬體手機的費用和忠誠黏著度的建立，同時也帶出「軟體免費，賺取加值服務和廣告費」。例如，每天使用的電子信箱（谷歌）、網路搜尋和臉書，全都是免費的服務。其實獲利的模式為廣告收入。

二、先免後費

　　《長尾理論》作者Chris Anderson提出「長尾」的想法，再冷門的商品，只要積少成多，照樣可以鹹魚翻身。接續又另一個新觀點「先免後費」，天下真有白吃的午餐。有時候你得到的會比你付出的多！據其推估全球目前的「免費經濟」總值約在三千億美元之譜，「上個世紀，免費是一種強而有力的行銷手法，本世紀的免費，卻是全新的經濟模式。」所謂「先免後費」（freemium）一詞的創造就是由free（免費）和premium（優惠或報酬）兩字結合而成。由創投家兼部落客Fred Wilson首先於2006年提出這個概念，指的是「提供免費基礎服務，但是對特殊服務索取費用」的營利模式。拜數位科技發展之賜，使得許多產品和服務的費用能減至零，因此只能朝向免費邁進。

　　Anderson把免費經濟的模式分成四大類：交叉補助（免費送刮鬍刀，銷售刀片）、廣告贊助（廣播、電視與網頁）、先免後費（彭博

資訊對券商銷售較貴的終端機服務，貼補新聞免費上網），以及非營利模式（維基百科、開放原始碼自由軟體）。

三、口碑行銷

「你看過周杰倫演唱會嗎？」、「你吃過米其林的星級餐廳？」、「你的髮型好好看，在哪裏剪的？」一連串的訊息「流竄」令人焦慮，令人惶恐……所以，我們看見了蜂擁而至的排隊人潮、爭先恐後的搶購消費者。這些不走一般正統、也沒有花大錢的「線上廣告」形式，卻能夠創造偉大的業績，其背後的魔力就是消費者「自發性」的口碑行銷。

口碑被定義為：第三方通過其被動或主動影響，近而強化其行銷的力量（Buzz marketing is defined as the amplification of initial marketing efforts by third parties through their passive or active influence.）。

(一)口碑力量大

現代人身處資訊爆炸的環境，每天習慣透過各式各樣人際或非人際的管道，包括人員銷售、耳語、手機簡訊、網路、車廂或電梯廣告等接收成千上萬的訊息，一旦發現稍有漏接，當別人們引發討論，立即產生「資訊焦慮」，背後就是口碑力量大。

口碑其實很簡單，就是開啓交談。近來被行銷人員大量運用，形成一股新興勢力，因此以口碑行銷（word of mouth）正名乎。而操弄的原則就是吸引消費者和媒體的強烈注意，進而談論你的產品、品牌或公司，而且更易引發討論樂趣、引人入勝、有媒體報導價值的程度，像蜂群串連的連鎖效應，又被稱為蜂鳴行銷（buzz marketing）。「這是郭台銘結婚用的贈禮」，「某富豪和鄰家女修得正果，麻雀

變鳳凰台灣版上映」……道盡這個世代閱聽眾與消費者的心聲與趨勢，這是個"somebody to nobody, nobody to somebody"混搭交錯的年代。這是個機會均等的社會，人人都想紅、大家都有機會，只要我喜歡有什麼不可以……大品牌或是當夯的明星名人可能是一夕成名，但也可能不知何故而沒落。實務操作的行銷人員藉由洞察消費者心理（consumer insight, consumer inside）與趨勢來操盤，深刻瞭解「閱聽眾與消費者的口味更迭快速」，由消費者自我開啓討論，不但讓city café藉由桂綸鎂的知性搖身一變「整個世界都是你的咖啡館」；也讓3M的魔布透過菲菲阿姨（菲傭）「一把抵兩把，何需瑪麗亞」的介紹，變成通路詢問度很高的商品。

(二)口碑的魔力

口碑必須是發自消費者內心和真實，它才有其價值。而行銷人員最期待的就是在行銷活動後所衍生的訊息火苗，可以在消費者口中產生野火般的效應，完全不費吹灰之力，不銷而銷（不用花大錢甚或不花錢，就可以達到行銷的任務），因爲其具有無可抗拒的魔力。

■口碑不屬任何人的專利

每人每天都在傳遞口碑。口碑的傳播並非專家、名人等的專利，因爲人際網路就是傳播網絡，所產生的非正式口碑傳播，在消費者作購買決定時，不但具有「臨門一腳」的力道，也可能比任何廣告更具有說服力。比起其他大眾廣告，他人的話是獨立來源，因而給人的印象也比較深刻。

■口碑就是病毒式行銷

口碑的力量無遠弗屆，具有病毒般的感染力。由於口碑是不被控制且發自消費者內心，所以效果難以預想與臆測，因此，唯有行銷人

員建構口碑管理的機制，得以加速或是減緩口碑傳播的正負影響力。

■口碑是淘氣的

口碑是有時間性的，因為現代的消費者呈現一片「淘氣消費」的狀態，你給他的，他不要；他要的，你卻想不到。消費者喜歡談論新事物，但是喜新厭舊的速度極快，一般估計口碑的傳播在三月後就會放慢。所以，行銷人員隨時掌握消費者趨勢的脈動，時時保持口碑的創意是重要的。

■正負口碑都有效

口碑不一定是正面就好，負面就差，端賴行銷人員有智慧地操弄與管理，負面口碑有時會帶來意想不到的效果，例如台北101大樓一直都讓外界覺得有高樓安全之虞，大家都知道也都有些顧慮，但是許多消費者還是抱持著「去看看多到底有多高」、「畢竟是台灣的驕傲」等「合理化」的藉口，口碑延燒不斷反而行銷利基不斷。

■口碑創意不斷

口碑不管來自消費者的口中或是透過行銷人員刻意的製作，其內涵就在於創意的互動的話題內容，包括能滿足偷窺慾的隱私八卦話題（到底誰讓名模懷孕？）、非比尋常或新奇的人與事（周杰倫接受CNN專訪，表示一直要與媽媽同住，令西方人不可思議）、有趣或令人感動的事物（喜憨兒靠自己的力量站起來，花旗銀行與聯合勸募共同讓他們完成夢想）等等。創意的議題內容，才能活絡且延續口碑的傳播。

■製碼與非製碼口碑

當創新者遇到新產品時，他們將使用的經驗傳遞到他們的社交網絡，這是一種未經編碼的口碑傳播，稱非製碼口碑（uncodified buzz）。

鼓勵許多公司可以將非製碼口碑轉化成製碼（或編碼）口碑

（codified buzz），由企業發展、培養和承銷（underwritten）的有各種各樣的編碼的工具可供選擇，包括保證（guarantees）、體驗式行銷（experiential marketing）、客戶分級（customer ratings）、贈品及回饋金（bounce backs, gift registries, gift certificates）、試用（trial ability）等等。

(三)是口碑不是可悲行銷

低調似乎不再適合這個年代，焦慮似乎是必然的現象，在口碑行銷大行其道的今日，人人皆行銷、日日作行銷的生活模式，不禁讓我們深刻思考：成也消費者、敗也消費者，如何讓口碑行銷發揮小兵立大功的作用，而非反效果的「可悲行銷」，其中的行銷工作的拿捏得宜亟需大智慧。

表5-1　口碑行銷

正面口碑（PWOM）	負面口碑（NWOM）
利他行為（altruism）	利他行為（altruism）
自我強化（self-enhancement）	報復（vengeance）
產品涉入程度（product involvement）	減低焦慮（anxiety reduction）
幫助企業（helping the company）	尋求意見（advice seeking）

第三節　置入式行銷：長期的洗腦效益

產品置入（product placement）在廣告行銷領域行之有年，經常在大型賽事看到運動員身穿運動品牌Nike、Under Amour、愛迪達等球衣和球鞋穿梭球場，台灣綠的洗手乳提供百貨賣場廁所使用，最知名的

置入則是湯姆克魯斯的電影《不可能的任務》中電腦、汽車和各國觀光景點等。相較於公關、廣告的直接，置入是廣告、公關和贊助等三種觀念的綜合體（**表5-2**）。

置入之定義：行銷學觀點

綜觀各學者的定義：以付費的方式但不明示廣告主，策略性地結合並將產品相關訊息（包括產品、觀念、品牌商標等）「置於」電視、電影、電腦遊戲和小說等情境之中，目的是影響消費者態度和購買意願，期望增加消費者對置入產品的情感與認同；同時以低涉入度感性訴求方式，行銷觀念、物品或商標等，減低觀眾對廣告的抗拒心態，來達成廣告效果。

植入與置入：心理學觀點

(一)潛意識的說服（Subliminal Perception）

有關潛意識說服的興起回溯到1950年代，有關在消費者不知不覺中影響其行為的研究。Jim Vicary在紐澤西州一家戲院，利用電影播映中快速穿插「喝可樂！吃爆米花！」（Drink coke and Eat popcorn）訊息，這些刺激的呈現時間為1/3000秒，結果使電影院販賣部可口可樂的銷售量突增18%，爆米花增52%。潛意識刺激雖然時間非常短暫，但對行為產生影響。也有學者指出無意識知覺的歷程很有可能在行為上扮演一個非常重要的角色。

從消費行為的領域中就消費者對於資訊處理的情形，發現刺激接收必須通過門檻水準（threshold levels）的說法，即人受到刺激要

達到某種強度以上，才有知覺並進而有反應，此看的見與看不見界線上的知覺反應或刺激量，即稱為閾（threshold），而在閾下（或是門檻之下）即為意識之下（參考第二章）。許多學者認為刺激訊息要超過閾值（或門檻）才能引起反應，但也有人認為未過門檻仍可被無意識接收，在個體未知曉情況下對事物產生的知覺，就被稱為閾下知覺（subliminal perception）。閾下知覺又稱為潛意識、下意識或是無意識的心理學，心理學者整理許多關於無意識接收訊息的研究，包括證明無意識刺激具有正面效果；另一學者研究發現暴露在 "COKE" 字樣下會產生口渴的需求。

有學者則認為訊息重複暴露與重複暴露在訊息下都會影響刺激的正面評價效果。因此，每天接收上千訊息無論是透過報紙、雜誌、廣播、電視或是戶外和網路等，雖並非全都進入意識狀態，但根據上述研究，透過下意識或無意識皆有可能儲存廣告的刺激和印象，這也就是認知心理學所談的訊息接收歷程。誠如John Wanamaker說過的一段話：「我知道有一半的廣告預算浪費掉了，可是我不知道是哪一半。」因為廣告的任務是長期效果而非立即的銷售效果。

(二)古典制約（Respondent Conditioning）學習中轉換概念的效果

學習心理學是研究閱聽眾與消費行為非常重要的課題。學習理論中所談之「刺激類化」（stimulus generalization）、「連結」（association）、「重複」（repetition）、「增強」（reinforcement）和「制約」（condition）的概念（第四章），其實都與置入式行銷所操弄的原則相仿。古典制約學習探討人接受刺激所產生的反應是被動，即個體是「被動地」等待刺激出現而產生反應，與置入式行銷透過訊息置入讓閱聽眾「被動接收」，經歷一段時間歷程後形成行為反應雷同。而古典制約學習中所強調的是人的行為反射過程，此為意識

上無法控制的非制約反應，訊息置入（非制約刺激）於某種情境或是
經驗（制約刺激）中，配對出現多次後（重複與增強），閱聽眾自然
對訊息產生某種印象（刺激類化），以後只要訊息一出現，腦中印象
便浮現（制約反應）。因此，閱聽人通常學習到的是整體「轉換」後
的「情緒」，而非單純「資訊」而已。

　　由此，產品置入對消費者產生的影響是一種轉換的概念
（transformation），一種情緒的轉移，引導個人對產品產生正面的情
緒與認同。有些研究也指出，情節連結度會對品牌回憶度和品牌辨識
度產生影響，情節連結度高比情節連結度低有較高的品牌回憶和品
牌辨識度。消費者對高品牌知名度的產品置入比對低品牌知名度的產
品置入，有較高的品牌回憶度和品牌辨識度。

　　然而置入式行銷是長期運用，因此重複訊息所產生增強效果是
可預見的，當然所形成的行為制約力量不可言喻。但是，以學習心理
學觀點中「次數」和「內容」是影響學習的主因。置入的次數和時間
愈長是否真的產生較佳的效果和態度的轉變是值得討論的。學習效果
上，如果真以轉換理論的設計切入，受試者即閱聽眾同樣經歷過一段

表5-2　置入式行銷兩項明顯的特色是隱藏式說服和非傳統廣告的形式即創意

形式	廣告	公關	置入式行銷	贊助
企業主	明示	明示	未明示	明示
付費與否	是	是	不一定	不一定
表現時間	短	短	長	長
目標對象	大眾	分眾	大眾	分眾
閱聽眾之態度	習慣轉台	選擇性參與	未告知自然融入	選擇性參與
表現手法	話術操作	議題包裝	隱喻	經過包裝
訴求方式	直接	間接	間接	間接
訊息辨識度	高	高	低	低

時間，也會由訊息的類化情境中轉而產生區辨（discrimination）效果，意識到訊息刺激的差異，那是否代表置入的想法原來希望長期達成訊息轉換和移情的效果可能不如預期。所以，置入訊息讓閱聽眾順利轉換而形成滿足，進而對行為產生影響，訊息的攸關性、經驗和情感的轉移、資訊的內容和資訊的處理方式等四個因素即為關鍵。

(三)社會學習理論（Social Learning Theory）

　　班杜拉（Albert Bandura）的社會學習理論，又稱為觀察（observational learning）或是模仿理論（modeling theory），不但是傳播領域中談大眾傳播效果最廣泛被應用，也詮釋人們如何從直接經驗與在媒體上的觀察，模仿他人行為與事物的經驗。如果根據班杜拉的理論，閱聽眾會透過觀察學習的過程，對於訊息置入電視、電影和報紙等產生模仿的行為，此行為與結果的關係不一定是透過親身經驗獲得，也可由內在認知過程為行為作預先的判讀與篩選，所以可以是「替代性」的學習，而如果訊息又與象徵性的符號加諸在觀察者的行為上，就足以產生「替代性增強」的效果，例如台灣學者吳翠珍（2003）的研究結果顯示，電影中的吸菸行為常刻意突顯真實生活中的某些時刻，塑造吸菸代表叛逆、獨立、性感、財富和全力等自我形象。此一訊息的置入很容易在現實生活中造成閱聽眾（尤其是青少年）的模仿行為。

三、製入與置入：傳播理論觀點

　　如果從行銷傳播或是媒體產製的過程細看置入式行銷，在企劃與製作階段，似乎超過學術研究的想像，因為行銷切割市場分眾時，面對龐大的競爭對手與多元又異質的閱聽眾，精準又不失焦地製入才是

核心，傳播理論也是重要的參考。

(一)涵化理論（Cultivation Theory）

學者George Gerbner的涵化理論假設看到類似上述社會學習的想法，即長期暴露於大眾傳播媒體如電視的閱聽人，所建構的世界觀與電視所建構的世界觀是一致的。換言之，置入是訊息經歷長期暴露於媒體的閱聽眾應該可以經由轉移—模仿—內化為行為結果。

(二)推敲可能性模式（Elaboration Likelihood Model, ELM）

此一路徑似乎又涉及閱聽眾接收訊息或是訊息解碼時處理訊息以中央路徑（意識）與邊垂路徑（潛意識）相關，亦即置入訊息是否產生行為影響與時間、個人解碼方式以及環境等因素具有關聯，一般而言，閱聽眾知道廣告訊息即為中央路徑，而置入訊息則希望閱聽眾不知不覺。

(三)魔彈理論（The Magic Bullet Theory）

又被稱為「皮下注射理論」，二十世紀初早期媒介理論家Harold Lasswell受行為主義影響，認為受眾是獨立於意識的，他們放棄對心理活動的研究，只觀察環境的刺激和觀眾具體的行為之間的聯繫。宣傳或廣告如果能喚起本我並刺激本我壓倒自我，將會取得最好的社會效應。也就是說，訊息針對閱聽眾，就可以把所欲傳遞的思想、情感和動機注入到閱聽眾的腦海中，迅速使其態度和行為發生改變。因為外部刺激並非客觀，而是可以經過行銷人員精心設計的，置入就是。

第四節　事件行銷：儀式化行為的過程

　　2008年8月8日晚上8點8分，第29屆奧運在北京以「同一個世界，同一個夢想」（One world, one dream）奢華壯麗地開幕，讓全世界成千上億人口見證中國七年（2001年申奧）努力的成果，同時也創造成千上億元以上的商機，更成就中國成為世界強國的企圖心；台灣現在一年過四個情人節（二月十四日西洋情人節、三月十四日白色情人節、四月十四日鐵達尼情人節、七夕中國情人節），再加上誠品書店行銷的「爸爸的情人節（母親節）和媽媽的情人節（父親節）」等企業百貨等無不藉機大肆慶祝行銷一番！企業和消費者之間經驗、訊息持續交流的需求，透過洞察消費者需求——原有事件活動、創造需求——創意新的事件活動，誠如美國西北大學整合行銷傳播學者Don E. Schultz教授認為我們正處於一個淺嘗資訊的購買決策時代，消費者對許多事物都知道一點，但對所有事卻都所知有限。因此，消費者呈現出無可預期的「淘氣化消費」，使得行銷人員必須摒除以往只是辦活動、嘉年華會的傳統心態，一場接一場以量取勝，或有一場沒一場的嘩眾取寵（用腳苦力而非用腦構思辦活動），而以清晰、一致且易於瞭解的訊息，塑造長期品牌形象或經營企業形象為依歸，以消費者觀點構思活動或創意事件行銷，才能達成整合行銷傳播的加乘效果。

事件（活動）行銷是社會行銷觀念之發揚光大

　　行銷大師菲利普・柯特勒（Philip Kolter）闡述行銷演進時，提出社會行銷（the societal marketing concept）之概念，即省思傳統行銷概念——犧牲社會福祉而只重視目標顧客的需求，亟需拉近行銷概念

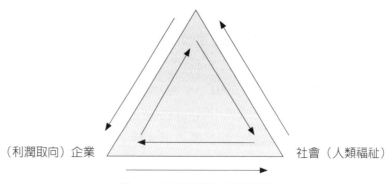

圖5-2　社會行銷的交換關係

與企業社會責任間的距離，以消費者、企業和社會共存共榮爲基模，
追求消費者需求利益、企業長期利潤和社會長期利益三者間平衡（如
圖5-2）。而事件行銷運用社會行銷的基本觀念加以發揚光大，以消費
者、企業、媒體三者架構事件行銷的概念，換言之，社會行銷儼然爲
事件行銷的主題之一，如綠色行銷、公益行銷等即爲社會行銷，也是
事件行銷的例子。

事件（活動）行銷模式

　　事件行銷模式從**圖5-3**中，可看出三者之間的關係──消費者經
由參與企業舉辦的活動或提供的事件訴求，獲得有形商品訊息並購買
或無形事件意識加以探討，提供企業利潤，企業也因活動或事件或商
品組合具有新聞或話題性，而獲得媒體青睞，以付費或不付費的方
式（多不付費）加以報導，進而促銷商品和行銷企業品牌形象；再
則，媒體不但肩負提供消費者訊息告知之重責，更由消費者的觀察瞭

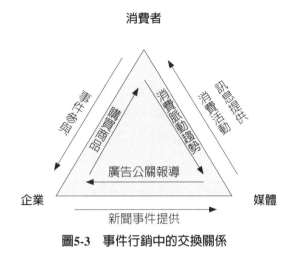

圖5-3　事件行銷中的交換關係

解中,掌握消費者趨勢與脈動,也從媒體廣告費和新聞稿得以永續生存。三者利益共生,利潤共享。

事件行銷借用廟會行銷的意涵

　　事件行銷同時也藉由廟會行銷(temple marketing)的「儀式化」內涵,每到固定的時間(媽祖生日或是天公生日等),透過固定的儀式活動(恭迎媽祖活動或是收驚等),就可以吸引成千上萬的信眾不遠千里而來,廟宇不需為了活動創意絞盡腦汁,因為信眾不需花俏的活動內容就會產生忠誠,北港天后宮、大甲鎮瀾宮等全台灣廟宇幾乎都可以百年以上,保證香火鼎盛!我們可以從T字模式(如圖5-4)看出彼此制約行為,以台灣大甲媽祖活動為例,左邊三角形(顏清標、大甲媽祖和媒體報導)和右邊三角形(大甲媽祖、信眾和媒體報導),整個大三角形(顏清標、選民和媒體報導),彼此產生「交換」行為,先知先覺的信眾每年都會去參與廟會、媒體因為廟會和信眾參與關係而產生報導興趣,透過報導吸引更多後知後覺的民眾參

與，而廟會活動背後的贊助或主辦者是基金會，大甲鎮瀾宮是顏清標董事長，平常媒體應該對其人不會主動採訪，但媽祖遶境一定得請他表達，此時顏清標和媽祖神聖形象「連結」（古典制約概念）一起出現，顏清標有媽祖加持，形象加分！

因此，宗教行銷就趁勝追擊，由世界黃金協會和大甲鎮瀾宮策略聯盟推出「大甲媽祖賜福金墜」公益活動，鎖定十萬大甲媽的信眾（潛在目標對象則是全台媽祖信眾一千六百萬，一千五百座媽祖廟）在三月大甲媽祖遶境進香八天七夜的活動通路，行銷目標就是要婆婆媽媽進銀樓，進而開發傳統未開發市場以及讓黃金傳統價值再被記憶。四十至五十歲的婆婆媽媽在金飾消費有三項需求：首先，信仰媽祖－添香油錢－還願－祈福庇佑－金條（當時鎮瀾宮地下室金身媽祖旁金條估計約一至兩千萬元，都是信眾還願，媽祖金墜一錢）；第二，隱形需求轉換，無法遶境或親身祈福者，就近銀樓購買（金飾業者開發三種系列：鴻圖大展、學業精進、闔家平安），而此金墜都要過爐加持，製造商賣一件金墜就捐一百元給大甲媽育幼院，保平安又做公益；第三，添妝市場，婆婆買一套正式黃金手飾（兩兩重）禮盒

事件行銷的模式：廟會行銷

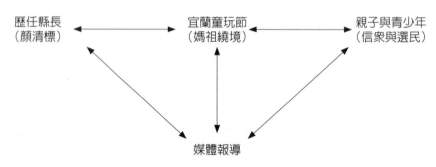

For fun, for meaning, for branding

圖5-4　事件行銷之廟會行銷基礎

給媳婦有面子,而彌月贈禮五分錢等,這些以台灣連續劇作行銷溝通最為有效。

節慶與話題行銷顛覆傳統

同理可得,許多原有的節慶(國曆與農曆新年、端午節、中秋節、父親節、母親節等)就有行銷力,近年發展城市和國家觀光行銷無不以「創造節慶(無中生有)」為主軸,台灣幾個頗具知名度的年度例行活動「春天吶喊(墾丁)、夏天搖頭(貢寮海洋祭)、秋天泡湯(烏來)、冬天祈福(放天燈)」,就是結合地方觀光和企業廠商推廣季節商品(統一行銷夏天啤酒)成功的節慶行銷。另外像宜蘭童玩節、彰化花博、古坑咖啡節等,國際上的如青島啤酒節、慕尼黑啤酒節、荷蘭的鬱金香節、東京上野公園夜櫻祭等,都是中外知名的創造性節慶。

創造節慶的模式,包括有趣的刺激(節慶內容)、在固定的時間和固定的地點舉行,而且要創造共鳴且好玩的儀式化行為(放天燈祈福),更要有意義的經驗連結(搖頭吶喊的青春),這才能品牌深植人心,引發消費者一再參與的重要動機。

在創造節慶的同時也創造話題,消費者的「一次購足」(one stop shopping)包含媒體的訊息傳遞(八卦、消費或觀念等)和商品實體的獲得;企業「全方卡位」(total positioning)利潤創造和口碑相傳;而媒體則是「全傳播」(total communication),即以品牌工程和消費者訊息著力,集整合行銷傳播五大工具(廣告、公關、直效行銷、促銷、事件行銷)於媒體訊息一身,提供給消費者和企業。

與消費者同樂的完全事件（活動）行銷

事件行銷在整合行銷傳播發展的趨勢下，對企業、媒體和消費者的意義不僅止於交換訊息和參與活動而已，更意味著永續的溝通與交流，"For fun for meaning and for branding"，才是與消費者同樂的完全事件行銷（**圖5-4**）。

CHAPTER 6
認知心理學派的訊息設計原理

認知心理學派學者：＃皮亞傑
重點提示：＃認知發展歷程　＃同化和順化　＃感覺和知覺
　　　　　＃認知平衡與不平衡
　　　　　＃框架　＃知溝

我們長大、長知識也長智力，這是認知發展的歷程。
我們也在同化和順化外在環境的感覺和知覺中，
產生認知平衡與不平衡的狀態，
但，我們不想在現實世界中產生知溝，
因此，遂讓外在訊息框架自己的認知。

「接吻為什麼要閉眼睛？」看似簡單的行為反射反應，卻在不同領域專家有不同的詮釋與意義。

文學家：愛情是盲目的，閉上眼睛的世界是詩情畫意的！

哲學家：張開眼睛接吻，就好像閉上眼睛看電影一樣的不可思議！

心理學家：人是害羞的動物！

生理學家：接吻牽動臉部的數十條神經，連帶地使眼睛不自主地閉上。

統計學家：在百分之九十五的信心水準下，接吻次數在一千零六十七次，其閉眼誤差不超過正負三個百分數點。

行政學家：在計劃、執行、考核的行政三聯制下，接吻這個政策，其執行階段通常是黑箱作業。

社會學家：想一想下一步驟該如何作！

化學家：唾液含有百種蛋白質酵素，透過酵素的交換，會使人產生迷離的幻象，導致眼皮下垂。

經濟學家：在愛情的供需法則下，常常有一隻看不見的手在操弄著，所以黑市（視）的價位通常比較好！

訓詁學家：當初倉頡造字時，本來是（目物），是不要用眼睛，非禮勿視，但經以訛傳訛之後，就成了「吻」字。

第一節　認知發展：「知識」的形成

人類是怎麼認識自己以及外在世界的？這個問題一直是千百年來哲學家、心理學家探討的重要課題之一。對於認知心理學者皮亞傑來說，他認為「認識」並不是一種既存的狀態，而是一種「發生」的過

程,它並不存在於進行認識的主體,也不存於被認識的客體之中,而是發生於主體對於客體進行認識時,所構成的交互關係當中,而「知識」便是這個過程所產生的結果。

因此,我們常常藉助各種「學家」的「專業知識」來認識事件或事物,上述「接吻為什麼要閉眼睛」這件事就是如此!

> 事實上,生命是逐漸複雜起來適應形式一種不斷地創造,是這些適應形式與環境之間的一種逐漸平衡。如果說智力是生物適應環境的一種特殊情形,就是假定了它本質上是一個有機體,它的功能是使世界結構化,正像生物體使其環境結構化一樣。—— 皮亞傑

兒童心理學之父:皮亞傑(Jean Piaget)

瑞士心理學家(1896～1980),曾接受過生物學、哲學、心理學、邏輯等學科的教育和訓練,知識根基甚為雄厚,對於當代影響重大。皮亞傑在蘇黎世師從榮格和布洛伊勒學習心理學。皮亞傑和佛洛伊德一樣,都是無心插柳柳成蔭的奇人。皮亞傑被認為是心理學史上,除了佛洛伊德以外影響力最大的「巨人」之一。

皮亞傑生於瑞士的納沙特爾,父親是當地一所大學的文學教授,興趣廣泛,思想敏捷,常涉獵歷史領域,勤勉好學的態度不斷激勵著皮亞傑,使他幼小的頭腦養成了系統思維的習慣。母親是一個虔誠的基督徒,她非常希望兒子像她一樣,成為一個篤信宗教的人,因此,堅持讓他接受嚴格的宗教訓導。由於他母親的心理很不健康而促成了他對於心理學的興趣。這樣家庭環境使幼小的皮亞傑成為一個非常嚴肅而又勤勉好學的孩子。他在七歲時即發表關於變種研究的論文刊登在自然史期刊,而十歲發表了第一篇科學報告,由於生物學的基礎與對哲學的研究

之成果，為他之後的心理學研究，提供莫大的幫助，並為他從適應環境及受試者內在調節發展等角度分析問題的思考習慣，奠定了基礎。

皮亞傑早年很喜歡小動物，尤其偏愛鳥類和軟體動物，曾接受過生物學的訓練，到了大學開始對心理學產生興趣，涉獵很多早期的心理學學派，佛洛伊德也是其中一個學派。二十一歲因一篇軟體動物研究論文而獲得博士學位之後，他到蘇黎世的心理實驗工作。不久因興趣不合而轉往巴黎進行有關兒童的推理測驗，使他此後漫長的一生專心於研究智力的發展。

二十七歲那年和夏蒂奈（Valentine Châtenay）結婚，之後所生的三個小孩都成為他研究的對象，也成為他採用新研究方法的轉捩點，從事認知發展的研究，探討智能行為的根據、物體恆常一致與因果、符號行為等觀念（「感覺動作」的發展）。其後他慢慢開始參與國際事務，欲透過政府間的組織，促請各國政府著手教學方法的改良，期能適應兒童的心靈。

四十四歲那年皮亞傑接任日內瓦大學實驗心理學教授和實驗室主任，執行了一系列有關兒童知覺發展的研究，試圖瞭解知覺與智力的關係。五十六歲到巴黎大學文理學院教授兒童心理學，並創設發生認識論研究中心。三年後，也在日內瓦設置了國際發展認識論中心。皮亞傑對於心理學與認識論的貢獻，眾所公認，雖然他的理論曾受到不少的批判，但是他的學術地位鞏固，終其一生致力於兒童發展之研究直至八十四歲。

皮亞傑的名言：「知識不是客體的複製品，也不是主體心中既存之先前形式的意識。由生物的觀點來看，它是有機體和環境間之互動形成的知覺建構；由認知的觀點來看，它是思維和其客體間之互動形成的知覺建構。」

皮亞傑的兒童研究

皮亞傑對於兒童的研究，不採用當時流行的實驗組及多人資料統計的研究方法，而採用對於個別兒童（他自己的女兒）在自然的情境下連續、細密地觀察記錄他們對事物處理的智能反應，屬於質化研究。而此種研究方式，廣為現在兒童心理學家所採用。此為皮亞傑重要的兒童認知發展（cognitive development），個體自出生後在適應環境的活動中，吸收知識時的認知方式以及解決問題的思維能力，其隨著年齡增長而改變的歷程。

皮亞傑認為孩童一直以感覺在探索世界，他們與世界的互動幫助他們明確說出足以解釋世事的「理論」。而在此過程中的每一步，幼兒都會應用其逐步成長的「邏輯」思考基礎，來測試真理，修正為新經驗，迫使他們重新思考對於世界的理解。皮亞傑相信，隨著孩子成長，每一種經驗知識的點滴，都成為他們進一步探索真相的基礎，成人對於真實世界的理解就是從這些基礎經驗而來。

皮亞傑把兒童看成建造自己個人知識理論的小哲學家及科學家，因此，智能發展為結構不斷組織與重新組織的歷程，每一次新的組織，將前一次的組織統合在內。雖然歷程是持續不斷，但結果卻是間斷的，隨著時間的不同，而有質方面的差異，因而將認知發展分成四個時期：感覺動作期、運思前期、具體運思期、形式運思期。

表6-1 皮亞傑的認知發展階段

階段	年齡	思考特徵
感覺動作期 （sensory-motor stage）	出生–2歲	0-1.5歲，靠感覺獲取經驗； 1歲時發展出物體恆存性的概念； 由反射動作發展為目標導向活動； 開始運用想像、記憶、思考。
前操作期 （preoperational stage）	2歲–7歲	瞭解水平線概念、能使用具體物之操作來協助思考； 能使用語言及符號等表徵外在事物； 知覺集中、不具保留概念； 思考不具可逆性； 以自我為中心； 能思維但不合邏輯，不能見及事物的全面性。
具體操作期 （concrete operational stage）	7歲–11歲	能根據具體經驗思維解決問題； 能使用具體物之操作來協助思考； 能理解可逆性與守恆的道理。
形式操作期 （formal operational stage）	11歲–16歲	開始會類推，有邏輯思維和抽象思維。 能按假設驗證的科學法則思考解決問題。

「智力」是一種適應的結果

　　皮亞傑的理論，乃是出自於他對於兒童智力研究的成果，他的「認知發展論」就是人類智力的發展。而皮亞傑對於智力的看法，有別於以往的心理學者。以往的心理學者認為智力乃是心理結構的一部分，具有固定的成分或是結構，要想瞭解人類的智力，便要由分析研究智力的組成入手。然而皮亞傑卻從生物發生學的觀點，認為智力是一種生物適應環境的結果。也就是說，雖然皮亞傑也認為「智力」具有結構，然而他並不認為「智力」的結構是以一種靜態的固定形式存在於生命之中，而是一種生命為了因應變化環境，而發展出來的一種形式，它是有機的、動態的、具有發展性的結果。因此，皮亞傑認為

在個人的生命當中，智力是會隨著個體與環境互動而有著發展性的變化。不僅如此，甚至對於全人類的歷史來說，從遠古到現代，人類的智力也是處於不斷地發展狀態當中。

「知識」是來自於自然的互動

對於知識來源的問題，皮亞傑則認為知識不是天上掉下來的，也不是先天的，更非對於事物的機械反應。他認為「認識」乃是建構發生於主體（認識者）與客體（被認識者）的互動歷程當中。這就是他所謂的「發生認識論」。其次，對於人是被決定的還是具有自由意志，從皮亞傑的理論看來，他是採取「自然決定論」的觀點，認為人具有遺傳性的智力而發展出共同特性，這是無法逾越的生物性本然。

數理不好，不是你的錯！

以皮亞傑的觀點，影響發展的因素有五點：成熟、物理經驗、數理經驗、社會傳遞與平衡作用，其中平衡作用是最重要的。成熟因素是指天賦對發展的影響；物理經驗為發展的效果互動因素之一，利用此種因素，將物體的各種特性予以抽象化，從事抽象化的歷程（簡單的或證驗的抽象作用），獲致特別的物理知識，將該經驗稱之為物理的經驗。

知覺產生於感知階段，知覺依賴感官，產生的契機由感知運動開始。知覺本質上處於從個人觀點出發的自我中心狀態，依靠知覺者與對象的相關狀態，完全是一種個人體驗。感官的各部分與刺激物各部分相遇，每一次只能產生出一個投射，投射是否準確，取決於物體的形狀、顏色。如果形狀奇特，色彩奪目，就有可能在霎那間給人深刻的印象，這樣準確度就高一點。

　　數理經驗則是一種外顯的「學習」歷程，就是建構各種物體的關係，或者建構對物體採取各種行動的關係，由「學習」得到概念，是心靈上的一種建構。該種建構的經驗及其他類似的經驗，此種建構的歷程常被稱為形式的或沉思的抽象作用，稱之為數理經驗。某些知識是習得的，從他人那獲取知識是經由社會傳遞所產生的。其形象層面包含有知覺、模仿、姿態、面部表情、摟抱、急走等的想像，類似於物理知識，而社會傳遞也像物理知識一樣，總含有同化於數理結構的性質。企圖傳遞知識給兒童的成人，藉著「告訴」他們必須預備去瞭解成人的訊息，以便同化他們自己相當不同的結構之中。

　　平衡作用，是一種改變的機械作用。當個體能輕易同化新知識經驗時，心理上自然會感到平衡。平衡作用將其他四種因素統整納入自身當中，經由同化調整的協調功能而適應的。改變已建立的結構，引起質與量的變化歷程，此種結構獲得改變的歷程，稱之為平衡作用。平衡作用是每個生命系統的功能，是一種外界侵入有機體之間的活動，而至平衡的歷程。從心理學的觀念而言，那些活動可能被視為使資訊獲取達到最大限度，而使損失減至最低限度的策略。

我們都會以「不變應萬變」

　　皮亞傑曾提出同化（assimilation）、順化（accommodation）理論，「同化」就是人以自己的不變，來應付環境的變化；「順化」是人用改變自己而應付改變的環境，另外也說明，如果把外部環境引起機體變化這種結果稱為順化的話……，可以說適應（accommodation）是同化與順化之間的平衡。換句話說，所謂的「同化」就是指自己的不變應付改變的環境（以不變應萬變），而「順應」則是個體以改變自己應付改變的環境（以變應萬變）。而「適應」便是在「同化」與「順應」這兩種心理歷程的波動中，求得平衡（equilibration）的結果。

　　前一章提及涵化理論，George Gerbner等人在二十世紀七〇年代提出，認為長期暴露於大眾傳播媒體如電視的閱聽人，所建構的世界觀與電視所建構的世界觀是一致的。亦即看電視的時間越長，閱聽人對於現實的感知越接近電視的內容。這就是同化或順化型閱聽眾的差異。

不是改變，而是我們長大成熟了！

　　皮亞傑認知發展理論認為人類認知（智力）發展的過程中，有不變，即為「組織」與「適應」的功能，也具有可變功能，就是「認知結構」或「基模」。既然人類的智力乃是一種具有發展性的結構，而在實際上該如何更具體地來闡述這種變化的歷程呢？

　　皮亞傑以「認知結構」與「基模」兩個概念來進行解釋。按照他的說法，人出生不久，即開始主動運用他與生俱來的一些基本行為模式對於環境中的事物做出反應，可視為人瞭解周圍世界的「認知結構」（cognitive structure）。而當人遇到某事物，便使用某種對應的認知結構予以核對、處理時，則此種認知結構稱之為「基模」（或「圖式」）（schema）。皮亞傑將基模視為人類吸收知識的基本架構，因而將認知發展或智力發展，均解釋為人的基模隨年齡增長而產生的改變，也就是說，皮亞傑所謂的「認知發展」不僅是量變，更包括了質變。

　　前面所提的是人類認知或智力「變化」的部分，然而在皮亞傑的看法中，智力也有其「不變」之處。皮亞傑曾說：

> 在兒童與成人之間，我們應當看到某些智力結構是不斷地形成和變化著的，儘管思維某些主要功能是穩定少變的（轉引自杜聲鋒，1997）。

　　所謂「穩定少變」的因素，便是指「組織」（organization）與

Discovery Channel——老虎篇／熊熊篇／河馬篇

資料來源：第二十五屆時報廣告金像獎

「適應」（adaptation）這兩種個體皆有的功能。

「組織」是指個體在處理其周圍事務時，能統合運用其身體與心智的各種功能，從而達到目的的一種身心活動歷程。無論是在發展的任何階段，這種功能都會在人的認知活動中展現出來。如果以前述的基模概念來說，人的認知活動，可以理解成一種統合運用其認知基模的結果，而這種統合運用基模的功能，是所有人類在任何發展時段中都會具備的。

皮亞傑認為智力是一種生命適應的形式，而皮亞傑所謂的「適應」是指人的認知結構或基模，因環境限制而主動改變的心理歷程。也就是說，雖然智力的內容、結構會因為人的發展而有了質量上的改變，但是人與環境接觸後，因為環境限制而主動產生改變的機制本身卻是不變的。

 ## 第二節　認知歷程：感覺與知覺

坊間流行一句俏皮話：沒有知識要有常識，沒有常識就要看電視，沒看電視就要多逛夜市。

現代人每天習慣被訊息包圍，根據非正式的統計數據顯示，平均每個人每天至少接觸兩千個廣告訊息，試回想一下：早晨起床眼睛睜開是「飛利浦燈泡」；刷牙是「高露潔牙膏加歐樂B牙刷」；早餐是「麥當勞」；出門搭乘的是台北捷運；辦公室使用的是「華碩電腦」；午餐外食「肯德基」；下午茶是「星巴克咖啡」；下班後，回家也許「臉書」一下。我們無時無刻不被這些廣告訊息「刺激」著，訊息經過我們的感覺器官（sensation）（眼、耳、鼻等）接收，但我們不一定察覺，直到產生「反應（購買）」前後才發現，其實我們的消費行為已先知先覺、不知不覺、後知後覺地「認知」（知覺，

perception）並且接受商品或商品廣告的澈底洗禮（洗腦）。弔詭的
是，當離開訊息時，卻又落入一陣「資訊焦慮」的恐慌。

　　由上述可知，行銷人員欲瞭解消費者的行為，不只應認識外在客
觀環境的影響變數，更必須進入消費者的主觀感受。這就是認知心理
學派反對行為學派將人類行為過分簡化為刺激與反應簡單的關係，認
為人類是複雜思考的動物，不只是被動接受外來的刺激，而更是主動
地選擇刺激，主動蒐集訊息，然後經過感覺器官，轉換成密碼（自我
語言），儲存在記憶中，使用時即行解碼（解決問題）。訊息認知的
歷程如圖6-1。

認知心理學基本概念

　　認知心理學有別於精神分析和行為主義學派，把人看成訊息傳遞
器和訊息加工系統，又稱為訊息處理心理學（information processing
psychology），研究人類處理訊息的科學。

　　由認知歷程圖可以清楚看出，認知談感覺和知覺兩部分。其中，
感覺的兩大特徵，一是對輸入的訊息，儲存時間極短，若不加以處理
傳送至短期記憶，很快就會消失。此外，對每次收錄的訊息有限，即
使「一瞥」所及範圍內全部的刺激項目很多，所能記憶的也只是其中
少數。

　　因此，訊息刺激如何通過感覺器官是非常重要的關卡，其中引發

圖6-1　認知歷程

注意就是首要門檻。認知心理學探究介於刺激和反應之間的變項，從生理上（physiological）引起感覺器官的注意，操弄引起注意的訊息刺激與消費者淺涉溝通，和心理層面（psychological）對訊息製碼和解碼的知覺、記憶的形成等，進而形成說服訊息的深涉溝通。

(一)注意（Attention）

人對外來的刺激自成一套接收系統（如上述），必須對刺激注意後才可能解碼，進而加以知覺。消費者購買行為發生前，對商品訊息（廣告）通常會加以注意，然後才有後續動作產生。而消費者（個體）為什麼會注意訊息？主要受三方面因素影響，一為消費者接收訊息時注意刺激的意願（即消費者和訊息的互動意願）；二為訊息刺激的因素；最後則是消費者個人的因素。

■訊息注意之意願

·非意願式注意

訊息以「強迫中獎」的方式進入消費者的感覺器官，消費者毫不費力、不願意都不行地接收到訊息的刺激。例如街頭巷尾常聽見的「臭豆腐，不臭不要錢！」叫賣聲，訊息刺激的強度提高，難以抗拒。

·自發性的注意

消費者通常是被動地蒐集、接收訊息的，所以只要被訊息刺激吸引後，會因對訊息感興趣而繼續加以注意。例如每年十月份百貨公司周年慶折扣活動，經濟不景氣的狀況下，消費者是很難被說服的，因此業者便打出「一元大血拼」，推出一元一瓶洋酒、五元一罐咖啡等促銷招術，的確吸引買氣，也使消費者原本無意願注意的情緒，轉變成期待的心情，進而每年到了周年慶期間都會「自發性」的注意訊息。

·有意願（自主性）的注意

　　主動搜尋訊息、充分情報型的消費者，對高關心度商品會作理性消費，預備用年終獎金購車犒賞自己的消費者，會主動注意車的資訊，包括廣告、品牌、功能等等，以確定購買決策的正確性，作為心理上的支持。

·無意願注意

　　面對競爭商品的訊息充斥於耳，消費者有時會選擇競爭對手的訊息，而不願注意其他訊息，或是競爭者的訊息刺激強度較高，而分散消費者對原來刺激的注意力。

■訊息刺激的因素

　　消費者對訊息產生注意，訊息本身所造成的刺激是一重要的原因，行銷人員或廣告人常依據這些因素的操弄，成功地引起消費者的注意。

·刺激大小

　　包括刺激的尺寸、強度的大小。一般而言，刺激愈大愈引人注意，報紙廣告的版面購買，全頁廣告應該比全十（半頁）的廣告更易注意。但刺激的大小並不與注意力的大小成等比關係，即購買全十的版面，其所引起的注意，並不會是半十（1/4頁）的兩倍，而戶外霓虹燈箱廣告強度過大也可能造成反感。

·對比性

　　色彩、聲音、空間等運用強烈對比的效果，易引起注意。廣告大師大衛·奧格威（David Ogilvy）為福斯金龜車所製作的一張平面廣告「It is small！（它很小）」，以巨幅的留白中間出現金龜車的渺小，不但是膾炙人口的作品，且銷售量奇佳。

·動態刺激的視覺效果

　　一般而言，動態的物體較易引起我們的注意，熱氣球廣告、電腦

多媒體等饒富變化的廣告訊息易吸引行人的目光，近來櫥窗設計的創意呈現以時事動態的變化為主，如百貨公司不但有屬於時尚變化的櫥窗陳列，更以主題化櫥窗增加機動性，「協尋失蹤兒童」、「關懷受虐兒童」等公益性議題呼籲，更是發揮視覺和心靈的雙重效果。

· **刺激的新奇性**

根據調適概念（concept of human adaptation），人對愈熟悉的環境事物愈不易敏感、不易注意，即「入芝蘭之室，久而不聞其香」，因此於適當的時機創造刺激的新奇感，可產生意想不到的效果。例如一向習慣於完整現成家具購買的消費者（尤其是台灣消費者倚賴專業的設計師包辦所有的設計裝潢），自IKEA家具大賣場標榜「室內設計DIY（do it yourself）」，不但滿足消費者自己動手布置自己家的成就感，也對傳統家具店、設計師等令消費者「不甚滿意」的情況大為改善。

· **刺激位置的安排和出現的形式**

刺激的位置在上方較下方易吸引注意；左方也優於右方。以印刷媒體報紙、雜誌為例，報紙上方的報頭下（例如〈聯合報〉字眼下方），和外報頭（左邊），雜誌版面的邊頁出現的廣告易引起注意，而便利商店和超市中商品的陳列也是一大學問，熱門品牌的商品和民生必需品，通常會置於消費者肉眼所及的上、下四十五度角（上架費多寡不計），而在結帳櫃檯上常見一些低單價零嘴、口香糖等，則是屬於「隨興刺激」等候結帳的消費者。包裝精美、外形搶眼的商品，如法國名設計師尚保羅高第耶（Jean-Paul Gaultier）的名作就是推出一款以女人窈窕身材表現在香水的瓶身上，喧噪一時，不但令女性消費者趨之若鶩，也使男性消費者大為驚豔。

· **多重感官刺激**

刺激多項感官系統比單一感官效果佳，電視廣告影片因其聲光、影像等雙重效果，較廣播廣告只有聲音的刺激，容易造成觀眾的反應和迴響；雜誌廣告只能動眼，無法暸解商品，突破單一感官刺激的障

礙，如香水以試紙、衛生棉以夾頁方式讓消費者增加觸覺或試用。

■消費者個人因素

消費者對外來的訊息、刺激產生注意，除了上述提及被動的刺激因素，也和個人與生俱來或後天學習的因素有極大的關聯。

・個人的需求和興趣

每個人皆有不同的需求，當需求產生時（即動機之原動力），刺激或訊息適當地出現，則會引起注意。例如深夜時段，饑腸轆轆，電視廣告出現的「這時候，你需要來一客泡麵！」一定使你垂涎，也因此7-Eleven的二十四小時服務，在深夜時段的營業額佔全天的15%-25%以上，各單價消費也是全天的一倍，可見需求會影響注意力。

・短暫的關切

有些事物可能只會在某段時間內引起我們的注意，例如懷孕的婦女會特別注意奶粉、尿布等育嬰訊息的商品廣告；車子壞了會注意普力擎的廣告，提供哪些服務；此種注意通常較短暫。

・注意力的轉移

依據心理學研究顯示，正常人眼力一次所及的範圍約為六至十一個字，平均為八個字；因此，行銷人員傳達訊息時，應掌握此原則並以簡單清晰為主。而消費者（個人）幾乎不可能長時間全神貫注於一事物，注意力只能作十分短暫的停留，每隔四至五秒鐘即轉移，故商品訊息的傳遞，尤其是品牌應適度地重複。廣播廣告前三秒中皆會出現商品名稱，或是以兩人對話的方式取代一人獨白，皆是此理。

・消費者個人的意見和態度

個人的意見和態度會影響其注意力，尤其是支持性的意見和態度，常見於選舉期間，選民（消費者）對於自己所支持和認同的政黨或候選人的政治理念、文宣廣告總是特別的注意，這也是政治行銷術中積極爭取和攏絡的「忠誠選民」；一般商品行銷亦同此理。

(二)消費者的知覺（Perception）

■知覺原理

　　引起消費者注意，就心理學和行銷策略的觀點只是觸動消費者的「感覺系統」，純粹是較表象的，而真正行銷的任務和目的的達成是使消費者產生購買決策，即消費者訊息認知歷程中製碼、儲存記憶、解碼的三個動作，隸屬「知覺系統」的部分。

　　人對外界的刺激加以選擇、組織、解釋且賦予意義，或塑造形象的過程，即為知覺。通常人會依照三種原則知覺事物與刺激——完整性、選擇性、組織意義化。

　　・完整性

　　認知心理學派的興起和源自歐洲的完形心理學（gestalt psychology）有極大的關聯。一九一二年德國心理學者威特海默（Max Wertheimer）創造的完形心理學派，又稱為格式塔心理學（gestalt theory），其基本精神是「部分的總合並不等於全部」，即人類對外在的刺激，會依據刺激的「完整型態」或所搜集到的各種資訊作成完整知覺的「整體結構」，強調知覺的完整性。

　　利用完形法則的形象－背景（figure-ground）元素，是平面廣告表現和商品陳列常見的技巧；而情境效應（context effects）也對消費者接觸商品訊息產生影響。例如入夜後戶外大型看板的燈光炫目耀眼，是以霓虹燈泡亮光快速閃動移位的效果呈現廣告的圖案，可口可樂氣泡的清涼感即是如此塑造成的。

　　・選擇性

　　人會依據個人的需要、情緒、態度、人格特質等生理和心理現象選擇或過濾外來的刺激訊息，選擇相吻合、過濾相斥的訊息，此為知覺的選擇性（或選擇性知覺）。曾於一九九三年名噪一時的傳奇人物

裴洛（Perot），以資訊式廣告（infomercials）炒熱「經濟蕭條，如何一夜致富」的話題，製作三十分鐘的廣告「教育」消費者（選民）致富奇蹟，在當時確實造成巨大的迴響，因為全美國人選擇他們最需要的訊息，加以知覺。

· **組織意義化**

任何刺激進入我們的知覺領域中，我們「習慣」加以加工處理成自認為有意義的訊息，包括將相同的或相似的事物歸類，不同的作區分等，以便於經驗判斷，因此過程中易產生三種現象：

1. 參考架構的思考（reference frame）：賦予刺激意義時，常以「熟悉的事物」作為衡量的依據，此即為參考架構，與「物以類聚」的觀念雷同。房地產廣告常以此手法吸引消費者，位於郊區房屋以「與總統、院長為鄰」為廣告訴求，促使想與權貴相比、嚮往坐擁知名豪宅的消費者，以此參考架構為購屋思考。

2. 刻板印象（stereotype）：對人或事物的知覺過程中，通常會傾向於依此人所屬的團體或過往的經驗作出判斷，此為刻板印象。善用消費者刻板印象的觀念於行銷策略和廣告表現之中，可以在短時間內與消費者達成溝通效果，如嬰兒奶粉以醫生推薦的方式，其專業權威的形象增加說服力。文案的寫法上，包括訴求「泡沫夠多，衣服才容易洗乾淨」。以及「有果肉的果汁比較新鮮」。

3. 月暈效果（halo effect）：月暈效果是指人在知覺外來刺激並賦於意義時，常根據部分資訊的概括印象，便驟下判斷或作解釋，經常出現於消費者對某一企業或產品持有良好的印象，便會「類化」至其所有的一切，反之亦然。行銷人員若能巧妙地運用此技巧，則能達事半功倍的效果，一但弄巧成拙則功虧一簣。例如消費者常常會有這樣的想法：「網頁做得好簡陋！這

家餐廳的東西應該不精緻！」，因此，現在網紅操作社群媒體時，先以「拍美照」爲主力。

■知覺風險（Perceived Risk）

消費者購買行爲的發生，實際上就隱含著某種程度的風險，包括個人採取購買行爲，作購買決策前後，所有可能產生不可預期的結果和結果的不確定性，都會導致消費者生理或心理的一些反應或變化。因此行銷者不但需要瞭解消費者可能產生那些知覺風險，也必須提出因應之道。

・知覺風險的種類

1. 功能上的風險：消費者最常產生的疑問是「眞的有這麼好用嗎？」，產品的使用是否如預期或「廣告所言」，此即爲功能上的風險。
2. 經濟上的風險：「眞的是物超所值嗎？」，如此的質疑則是消費者經濟上的風險。
3. 社會性風險：「眞丟臉，花了這麼多錢居然無效，而且又有後遺症，眞是賠了夫人又折兵！」，是消費者社會性風險。
4. 心理性的風險：消費行爲有時是追求心理層面附加滿足，因此商品購買是否能強化消費者心理，也是一大風險考驗。
5. 時效上的風險：流行性強的商品最易使消費者產生時效上的風險，女性消費者常常大嘆「衣櫃裏永遠少一件衣服」，其實是衣服的款式退流行。

・降低知覺風險的行銷策略

1. 主動提供消費者充分訊息：消費者獲得情報的方式，通常是透過消費者之間的口碑（word-of-mouth）、人員銷售（personal selling or salespeople）和大眾媒體（mass media）。行銷人員如

能善用溝通管道，主動提供充分的商品資訊，必能降低消費者
預設的惶恐。

2.建立企業、品牌和商店形象：消費者購買時，常會以形象（是
否有名氣？）作為考量，尤其是無產品使用經驗時，更傾向
「相信有牌子的比較好」的觀念。因此塑造和維持企業形象、
品牌、商店的信譽和形象，是使消費者安心的不二法門。

3.提出保證：不滿意退貨、保固期限修繕免費、歡迎試用等，都
是具體使消費者購前認知的方法，而提供合格證書或實驗測試
結果、獲獎證明，都是讓消費者深具「參考價值」的保證。

Ford Service──奶瓶篇

資料來源：第二十五屆時報廣告金像獎

 ## 第三節　認知理論：平衡與不平衡

認知不平衡論（Cognitive Dissonance）

　　無論消費者如何對外界的刺激加以注意，或是以何種方式知覺訊息，都希望達到「認知一致」，即「我想的和我看到的是一樣的」，但現實生活中卻常事與願違，尤其是消費行為的發生，消費者接觸的商品或商品訊息和自己先前的觀念、想法產生矛盾的現象，此為認知心理學者費思廷格（Festinger, L. A.）提出的「認知不協調理論」。

　　認知不協調產生的原因，可能是訊息內容邏輯上不一致，或是個人預期和現實的情境產生分歧，以及個人強烈的期望落空。例如洗髮精廣告標榜「天天洗髮，也不傷害髮質」，但父母親或老一輩的觀念總認為「天天洗頭，易患頭痛症」，因此認知不協調自然就產生了，而無所適從。房地產廣告常有認知不協調的爭議，其廣告訊息中所傳遞的「挑高創意空間，小坪數大滿足」等有關建物產權登記、面積計算問題，經常造成消費者和建商之間認知上差距，糾紛層出不窮。

　　行銷人員為解決消費行為中經常產生消費者和廠商兩方的認知不協調之困擾，所以嘗試以行銷策略和廣告訴求加以解決。

(一)訊息採兩面說服（Two-Side Effect）的方式

　　廣告訊息以提供商品正反兩面、優缺點皆談的形式（form），即新鮮純果汁，百分之百的成分，但價格稍高；福斯公司當年推出金龜車，打破傳統美國大車的迷思，廣告訊息中告知消費者金龜小車的各種優勢，也不忘提醒已存在消費者心中對小車的劣勢觀感。而值得注

意的是，此策略必須是對商品瞭解且教育水準較高的消費者，提供充分的商品事實，而將購買決策權交給消費者自己。

(二)合理化不協調的因素（尋求有利的資訊或迴避不利的資訊）

消費者認知的訊息或觀念，常潛藏預設因素或是根深柢固，因此對廠商的商品「宣言」自然易生失調之心，爲使此狀況降低，行銷者常是以合理化不協調的廣告訴求，企圖分散其心理不安。福斯金龜車的經典廣告文案 "It is small, but big."，概念「小車也有大空間」轉化缺點爲優點，至今仍在收藏經典車市場占有一席之地；而另一台灣經典廣告是以白冰冰爲代言人的商品——金蜜蜂多瓜露，電視廣告出現的是自嘲自己與多瓜一般矮擱短（everyday之諧音），而平面報紙廣告則是「以世界上的名人都和他（金蜜蜂多瓜露）一樣高」爲主標題（main catch），不但締造銷售高潮，更合理化「矮」在消費者心目中不佳的印象。

(三)以軟性、隱喻的方式提醒消費者潛在需求（改變原有的認知）

不直接以訊息強迫的方式，而以軟性、隱藏手法提出新主張或看法，以減少消費者產生衝突和排他性。例如福特汽車推出嘉年華品牌的小車，不直接以男性或年收入高的家庭第一部房車爲目標消費者，而以「家庭需要的第二輛車」來提醒隱性的消費需求。

(四)改變消費者的行爲或習慣

消費者的行爲與認知（或態度）通常是一致的，因此改變消費者慣有的行爲是降低不協調產生的方法。例如以贈品鼓勵消費者試用進而購買。教育新的使用方法，台灣桂冠雲吞不再只是「餛飩湯」，而可變化多種花樣，油炸或紅油抄手也增加產品使用率；士力架巧克力夏天不再被消費者排斥，廠商教育消費者冰凍吃更夠味。

認知平衡論（Balance Theory）

　　心理學者海德爾（Frize Heider）於1958年提出認知平衡論，他認為人的身體會自然而然地傾向於保持穩定的狀態（homeostasis），因此會形成一種趨向——把自己和別人或對方的感情釘住在雙方對某一人、事、物或觀念（客體，object）的共同好惡之上（如**圖6-2**）。

　　這三者是否平衡，要視兩者間關係，正（喜歡、肯定）、負（不喜歡、否定）：三邊關係全為正或負或一正一負即平衡，即三邊關係符號相乘，乘積「平衡」；否則不平衡。即傾向於使三邊的關係達成平衡（三邊關係正負的乘積必須是正號，全為正、二負一正皆可）。此理論常見於消費者對廣告代言人和商品的三角關係上，例如消費者喜歡阿妹，阿妹推薦的可口可樂，消費者也會買單；同樣地，一般消費者對靈骨塔頗忌諱，任何知名人物推薦或其親身經驗，可能均無法奏效。

　　但人雖竭力傾向於平衡，仍也因外力不可檔，不平衡狀況也時有所聞，行銷人員頗費心思。因此進行產品的行銷調查、消費者調查和廣告效果調查（代言人喜好度、文案測試）等便是重要的工作。

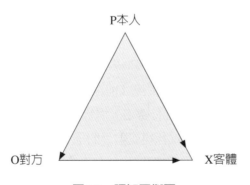

圖6-2　認知平衡圖

知溝理論（Knowledge Gap Theory）

1970年由美國傳播學家P. J. Tichenor提出，提出的假設為社會經濟地位高者經常能比社會經濟地位低者更快地獲取信息，而大眾媒介傳送的信息愈多，這兩者之間的知識鴻溝，也就愈有擴大的趨勢。

表6-2　知溝理論之內涵

	社會經濟地位高	社會經濟地位低
傳播技能上的差異	理解力強、較大閱讀量	理解力低、較低閱讀量
知識信息儲備上的差異	擁有的知識較多，對新事物掌握快	擁有的知識較少，對新事物掌握慢
社會交往方面的差異	社交多，討論多	社交少，討論少
對信息的選擇性接觸接受、理解和記憶差異	生活水準與內容接近，容易吸收	生活水準與內容疏遠，不容易吸收
發布信息的大眾媒介系統性質上的差異	擁有多方吸收的管道	吸收管道少

框架效應（Framing Effect）

框架效應是一種認知偏差，人或組織對事件的主觀解釋和思考結構。

1972年心理學家Bateson提出框架概念，1974年加拿大裔美籍社會學家Erving Goffman帶入傳播情境（前述參考架構之概念），意義為面對同一個的問題，使用不同的描述，但描述後的答案跟結果都是一樣的，人們會選擇乍聽之下較有利或順耳的描述作為方案。

框架是人們解釋外在真實世界的心理基模，用來做為瞭解、指認以及界定行事經驗的基礎。「偏見」可謂是框架化的結果，框架建立

在具有權力關係的意識型態。當某種框架被選取時，就表示其為社會中所流行的主流意識，亦成為社會中的主要意義解釋方式。在一個社會當中，對於特定議題，不同的人會有不同的詮釋框架，媒體則是透過各種框架競爭，爭取閱聽眾認同。

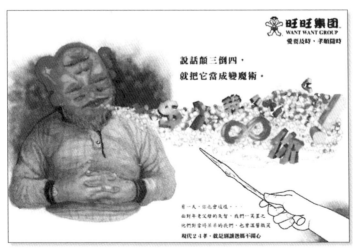

親娛·娛親

資料來源：第二十七屆時報金犢獎

CHAPTER **7**

認知心理學派的品牌體驗

認知心理學派學者：＃皮亞傑　＃完形心理學

重點提示：＃訊息感知　＃五感體驗　＃態度　＃知感意
　　　　　＃品牌故事　＃品牌形象與資產

我們對品牌訊息的感知，常常是透過五感體驗，
我們形成的品牌態度，在認知、情感和行動中展現。
藉由完形心理學勾勒之品牌故事，
有些品牌形象速形了，短期記憶；
有些卻累積品牌資產，長期回想。

第一節　品牌溝通：訊息感知

我不在咖啡館，就在去咖啡館的路上……

春天要吶喊、夏天要童玩、秋天要泡湯、冬天要祈福（放天燈）……

縮衣節食也要有LV（女版）／這輩子希望開過一次雙B車……

只要我喜歡，有什麼不可以！

這些描述我們都不陌生，似乎也都深得人心，都是消費者經過訊息刺激後，通過認知歷程形成的「自然反應」，亦即透過短期的訊息刺激感覺器官和長期說服的過程，透過洞察（consumer insight）消費者內在（consumer inside），收買消費者的心。

訊息的說服溝通

就行銷的觀點而言，消費者「認知」部分的研究，包括引起注意，轉而知覺等屬於行銷策略的「企劃面」，據此研擬執行方案則是說服消費者行動，產生購買。因此「認知」與「說服」是探討消費者行為重要的兩大主題。

說服理論始於1950年代，傳播學者對訊息來源的說服力和訊息本身的說服力兩方面的研究。行銷人員實際執行行銷活動中也發現影響說服消費者的原因，以及如何進行說服消費者購買的工作。

(一)影響說服的五項因素

■論點或訊息的強度（Strengths of Message / Arguments）

論點或訊息的強度包括來源的可信度、受喜愛程度，以及內容的易懂性、多寡等，行銷者先針對目標消費者設計商品訊息，以世界黃金協會和全台灣製造商，以及六十一家傳統銀樓合作促銷案為例，「我愛我‧純金項鍊」為主題，鼓勵女性消費者寵愛自己，擺脫「只限收藏、饋贈」等觀念，並提出「九九九純金」和協會組織的公信力保證，使消費者安全感與信任度倍增，強化促購力。

■訊息周邊線索（Peripheral Cues）的輔助

訊息常以兩種方式呈現，一為主要訊息直接傳達的中央路徑（central route，通常指大腦意識層面）；另一則為以間接效果襯托主訊息的周邊路徑（peripheral route，大腦潛意識的部分）。有時主訊息缺乏吸引力，而需由周邊線索的營造、輔助，增加說服力，但後者強化效果過當，便適得其反。例如台灣統一公司的「心情故事」飲料推出之初，以消費者抒發心情故事為電視廣告影片主題，造成極大迴響，但賺人熱淚的影片強過商品不見銷售量，此為行銷人員始料未及的「周邊線索效應」。第五章提及置入式行銷的效果也是訊息長期以周邊路徑進入大腦，形成潛意識認知，而在意識訊息刺激時立即產生行為模式。電影劇情置入就經常可見，「享受吧，一個人去旅行」（pray, love and travel）就巧妙地置入精品Tod's與女主角茉莉亞羅勃茲的知性熟女形象結合，該品牌不銷而銷地建構強力忠誠。

■訊息傳播的形式（Form）

媒體運用的形式不同也會造成說服力的影響，一般而言，聲光、影音效果最佳的影音類廣告，比其他媒體具說服力。

■收訊者涉入（Involvement，消費者關心或參與度）的程度

高關心度且理性消費的商品，消費者對訊息認知與涉入的程度較高，因此以中央路徑直接說明商品重點為主，反之，消費者涉入訊息程度較低的低關心度商品，則創造周邊線索說服之。

■消費者已存或現存的態度（Initial Position）

消費者心中對商品可能已有一些看法，也可能已形成正或反面、贊成或反對的態度，因此便影響訊息的說服。自從消基會（消費者文教基金會）公布台灣人喜愛的花生糖，許多品牌含過量的黃麴素，消費者在年節期間對花生糖的選購趨於保守，且對廠商的廣告訊息的信度大打折扣，就是一例。

(二)說服消費者購買之策略

傳播學者比提和卡其普歐（Petty, R. E. & Cacioppo, J. T.）針對消費者處理商品訊息，提出中央路徑和周邊路徑理論，行銷人員認知影響說服消費者的因素，訊息來源和內容以中央路線和周邊路線呈現造成不同效果。

■中央路徑理論

直接的方式，當訊息的來源和內容極具可信度，且訊息為消費者高度關心或正向態度時，宜採中央路徑方式的直述式，因為消費者認知反應已形成，無需拐彎抹角，徒具形式而已。

■周邊路徑理論

間接的方式，當訊息內容本身不具吸引力，或消費者無意願、無能力處理訊息內容時，宜以間接方式導引消費者，如情境的轉移或代言人的投射等，而其形成的態度或注意為短暫性的，必須不斷地強化，因此傳播媒體的形式和重複（repetition）效果便顯重要。

訊息的感官溝通

從五種感官找定位，包含了視覺、嗅覺、聽覺、味覺和觸覺，又稱五構面定位法（five-dimensional positioning, 5D）。有學者研究將五種感官認知排序（Lindstrom, 2005），分別是視覺重要性為58%，嗅覺45%，聽覺41%、味覺31%以及觸覺25%。運用在行銷溝通上包括定位與店頭五覺行銷等非常廣泛。

(一)視覺

眼見為憑，建築外型或城市地標（台北101、巴黎鐵塔、沙烏地阿拉伯帆船飯店等）、汽車外觀（March）、產品包裝容器形狀（可口可樂玻璃瓶）等都是成功地以視覺行銷定位，快速讓閱聽眾產生聯想的方式。而運用在店頭行銷，包括店頭設計是品味的傳達、陳列是商品風格的展現、服務人員的表現則是紀律，以及衣著則代表精神的標竿。

(二)味覺與嗅覺

常常同時存在。嗅覺可以改變心情（咖啡香、玫瑰香味，以及LUSH皂香），而以味覺定位成功的商品包括台灣品牌黑松沙士、北海鱈魚香絲、舒跑，都有領導品牌口味先佔先贏的優勢。其他還有醍醐味的「不太甜不太鹹」，統一四季醬油「四季調味，真情入味」；金蘭醬油「不變的好味道」和「有媽媽的味道」。店頭行銷中嗅覺管理呈現管理者的胸襟，同時賣場的味道也表達格調的高低，例如餐飲或咖啡店的食物氣味。

(三)聽覺

聽覺刺激也容易喚起訊息回憶。台灣五洲製藥的董事長認爲廣告歌曲要能傳唱，尤其是小朋友會唱、喜歡唱、容易唱，才是眞正有效的廣告。所以，「香港腳，香港腳，癢又癢……快用足爽軟膏」、「吃這個也癢，吃那個癢……快用敏肝寧」、「感冒用斯斯……斯斯有兩種」、「Pinky、Pinky……」這些都是大家耳熟能詳且朗朗上口的廣告歌曲，也因此爲公司帶來極大的營收。此外，廣告配樂（background music, BMG）、音樂企業識別（jingle）、企業標語（slogan）或是廣告旁白（voice over）等有如前述的周邊路徑的訊息刺激，會使閱聽衆順利聯想到廣告商品訊息內容，例如台灣黑松沙士善用正要發片歌手歌曲作爲廣告配樂；英特爾（Intel）公司在每支電腦相關產品電視廣告片尾皆會出現「Intel Inside」的jingle；肯德基的「這不是肯德基！」和「您眞內行！」等旁白都令人印象深刻。店頭行銷運用音樂首重雅俗、合宜、應景，尤其是百貨公司過年過節時音樂的選擇更易形塑購買氛圍。而店頭人員的訓練包括談吐應對等都彰顯品牌氣質，也十分重要。

(四)觸覺

可口可樂的曲線瓶設計讓手握的消費者產生便利的觸感、席夢思床墊標榜完全服貼人體的背部曲線，讓人完全舒適休眠，所以店頭行銷非常強調讓消費者「躺躺看，體驗一下」。這些都是觸覺。

色彩管理

將色彩運用導入公司的經營管理活動，即稱爲色彩管理（color

management），是指將所要規劃與執行的整體管理工作，以不同的特定顏色加以區分。

表7-1　色彩的意義與運用

基本色	意義	用途
紅色	防火、停止、禁止、高度危險	消防栓、滅火器、火警報知器、高危險性物料存放區
黃色	顯示注意	標示可能衝撞、掉落、工作區內突起凹陷、路障等
綠色	安全、衛生、進行中	沒有危險的物品或區域、急救箱、機器正常運作
白色	通道、整頓	通道區域線標示、方向線、方向標誌

企業識別形象管理

「企業識別系統」（CIS）表現的是企業一致的形象與觀瞻。其中根據心理學家實證研究發現，各種不同的顏色對人類的感覺、注意力、思維都會產生不同程度的影響，參考如**表7-2**。

表7-2　色彩基本認識

顏色	意義
紅色	為最佳激奮色彩，具有熱情、活力、衝動、憤慨的表徵
橙色	亦是一種激奮色彩，具有熱烈、歡欣、溫馨、輕快的表徵
黃色	明度最高，具有快樂、希望、輕快、智慧的表徵
綠色	介於冷、暖色系中間，具有健康、寧靜、和睦、安全的表徵
藍色	象徵天空的色彩，具有清新、舒爽、柔順、浪漫的表徵
白色	具有潔白、清潔、純真、明快的表徵
黑色	具有深沉、寂靜、神秘、悲情、壓抑的表徵
灰色	具有平凡、中庸、溫和、謙讓、高雅的表徵

華菱汽車SAVRIN──倒數篇×7

資料來源：第二十五屆時報廣告金像獎

（續）華菱汽車SAVRIN——倒數篇×7

資料來源：第二十五屆時報廣告金像獎

色彩行銷關鍵

(一)購買情緒打進消費者心理

消費者決策時間趨短、競爭品項趨多的情況下，企業必須正確行銷色彩，找到商品、消費族群和銷售環境最適顏色，並且屏除色彩負面情緒，盡快進入消費者心坎裏。

(二)考量文化、地域和民族性

進入不同地區市場前，一定要做好調查，商品不能掀起消費的負面情緒，甚至是歷史傷口。但現在慢慢有所打破，全球的色彩文化也持續在改變中，除了少數宗教用色外，也沒有完全一定的禁忌。

(三)流行色打開消費者胃口

創造流行色是一商業手段，目的是創造市場需求，但必須考慮消費者適不適合。流行色往往是全球大品牌的顏色定出來後，小品牌紛紛跟隨，台灣業者普遍抄襲國外流行色，卻忽略了真正是否屬於東方台灣的消費者需求和合宜，所以只有顏色而沒有品質和功能，是有風險的。

(四)邀請消費者自己玩配色

消費者主觀意識愈來愈被重視，選擇適合自己的顏色遠比品牌重要。

(五)用色彩塑造品牌形象

美國馬里蘭大學的研究指出，在消費者辨識品牌的過程中，色彩佔了八成的關鍵比率。

(六)大自然是永遠的調色盤

美國色彩行銷協會主席指出，「這幾年的色彩主義來自環境保護主義」，回歸大自然的色彩靈感是二十一世紀的關鍵主張。

第二節　品牌態度：訊息體驗

星巴克咖啡館不斷傳遞咖啡香氣與爵士樂的優雅；誠品書店傳達「閱讀不限平面」的空間氣氛；書店、商場、藝廊等實際讓消費者領略「書、人與空間的延伸」。這是消費者對兩個品牌的態度，也是兩企業對消費者持續釋放訊息體驗的結果。

消費者行為研究中，態度調查廣泛地運用於行銷策略，且貢獻良多。一是態度可用來評估行銷活動的效果，消費者是否透過對廣告訊息，形成或改變對商品的態度；態度也可作為行銷活動可行性的判斷標準，新一季的廣告或新產品的活動或促銷，可作上市前測試，依消費者的態度來作修正；再者，態度也有利於行銷策略中建立市場區隔和目標消費者，以消費者對產品正面態度為主，進行深度的消費者溝通或訊息體驗等。

整合行銷傳播的概念以消費者出發，透過產品或品牌的訊息體驗過程，消費者形成態度。態度是消費者對產品或品牌的整體評價，進而影響消費者行為。

廣告心理學──消費者洞察觀點

態度的意義

態度是什麼？喜與惡的形容其實無法完全說明，也無法使我們具體瞭解態度的意義，此以下列兩位心理學者的描述定義之。

態度是個體對一特定對象所持的感覺（包括喜歡或不喜歡等）和行動的傾向（李美枝，2000）。態度是個體對人、事、物所持一致和相當持久的行為傾向（張春興，1986）。

而以研究消費者行為的觀點，美國消費行為學者胥夫曼和肯克（Schiffman L. G. & Kanuk L. L, 1978）認為態度是一種學習而來的行為傾向，此行為傾向具有一致和持久性，且針對特定的對象（人、事、物）。綜合這些定義可知，態度包含下列特質：

(一)態度的「對象」

個人所持的態度應有特定對象，包括人、事或物。以消費者觀點而言，對購買過程中所參與的人（例如銷售店員），所發生的事（購買經驗），或物（產品服務），都會形成態度。當然企業形象、品牌、廣告、價格等等都是消費者形成態度「對象」的一環。

(二)態度是一種學習而來的行為傾向

一般而言，消費者從購買行為中所獲得商品、訊息等經驗，逐漸形成的態度，是學習的結果。因此可由態度調查或消費者的外顯行為中推知，例如女性保養品創新推出果酸系列產品，實驗證明具有護膚效果，大受女性消費者青睞，廠商又趁勝追擊上市果酸瘦身產品，使消費者不但作臉部保養，也作瘦身美容，造成搶購，原因無它，消費者學習到的態度是正面的。特別的是消費者雖有態度形成，並不一

160

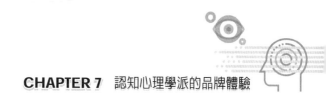

定產生行動，只能說是行動的傾向。如前例有些消費者覺得新產品不錯，但卻未購買（可能不需要或不敢輕易嘗試）。

(三)態度具有一致性（和相當的持久性）

消費者的態度和其表現的行為具有一致性，且可能持續一段時間，而後改變。例如某一消費者偏好Toyota汽車（以前的使用經驗和朋友的口碑相傳），行銷人員可以預測其下次購車仍會考慮此品牌系列車的機率非常大。而對某餐廳的惡質服務，消費者的態度是負面且以「拒絕再來」或「口耳相傳」的行為回報之。然而，態度的形成和行為的發生常內含情境的因素，雖說態度的定義為一致性，但因個人特質、外在環境的影響，使消費者的行為在某種程度上和態度並不一致，經濟因素便是一重要考量，男性消費者可能一生夢寐賓士汽車，也一致對此品牌車具好感，但並非每一個人都買得起！另外購買情境也是影響因素，雖然麥當勞深受消費者喜愛，但中國人選擇正式的晚餐地點，很少擇此。

態度三元素（Tri-Component Attitude Model）

態度定義中，顯見其組合的三種元素——知（cognition）、感（affection）、意（conation）。根據心理學者羅紳伯格和何夫藍（Rosenberg & Hovland, 1960）對態度結構三向度的看法，認為態度應包含對於態度對象的想法（thinking - cognition）、情感（feeling - affection）和行動（doing - conation）。

(一)認知元素（知）

態度組成的第一元素——認知，是對態度對象所持的信念

（belief），其中包括了訊息的瞭解、認識，較理性的部分而不涉及主觀的情感和情緒。以消費者的品牌態度爲例，多芬（Dove）基金會藉由調查發現青春期女孩對自己的外貌等多缺乏自信，因此以「非傳統美女」認知型的少女代言「自信美」廣告，教育青少年消費者對自己要有自信就能散發美麗，此公益行銷的手法讓消費者更認知品牌定位也認同品牌。

(二)情感元素（感）

消費者對商品、服務和企業形象等所直接形成的喜歡或不喜歡，好或壞的情緒性、評價性的字眼，即爲態度中情感的部分。消費者態度調查常使用李克特量表（Liker Scale），讓受試者在問題中選擇對喜好或正負等的程度。例如台灣長榮航空公布消費者調查結果，與其他航空公司相比較，台灣消費者評估該公司飛航安全度較高，印象較佳。

(三)行動元素（意）

行動的部分是態度中所指「行爲傾向」，亦即行銷和消費者調查中最重要的關鍵——消費者的購買意圖。行銷者欲從調查中瞭解消費者「可能購買」、「確定會買」或是「不一定買」等行爲的程度如何，做爲市場預測或擬定行銷策略。

態度的形成

態度的形成，主要受三項因素的影響，包括學習、訊息來源和消費者個人內外在因素。

(一)消費者的態度是學習而來的

　　態度的定義中得知，態度是學習而來的，意即透過學習可形成態度。現在以學習心理學理論——古典制約學習和工具性制約學習（前面章節提及）、認知學習分別探討態度的形成。

■古典制約學習

　　試想，平日我們購買任何新商品時，總會以「廣告介紹過」或「喜愛的品牌名稱」等作為選購要件，其中新商品的「刺激」和廣告的「增強」或品牌「重複」，這些因素加以「連結」後作成了購買的「反應」，完全符合古典制約學習理論所述及之重點（可參考前面章節對此理論之探討）。因此行銷人員欲塑造消費者態度可運用此原理，常見的名人證言式廣告，即是希望透過消費者對名人正向的態度連結至其推薦的商品。

■工具性制約學習

　　有時消費者的態度是伴隨著產品購買和消費情境而來，並非預設的。例如消費者原來打算購買舒潔面紙，可是卻發現超市貨架上竟然缺貨，只有春風面紙，因此「試購」新品牌的行為便產生。這種全然對產品無預存態度的消費行為，如果消費者獲得滿意，則造成續購或轉移品牌忠誠的機率極大。這種「試誤的經驗」帶來的使用效果，屬於工具性制約學習。

■認知學習

　　消費者尋找或蒐集商品訊息，通常是為解決問題或滿足需求，因此在情報蒐集的過程中，消費者會逐漸累積對商品的認知（包括商品相關知識、功能等），進而形成對商品的基本態度（無論正或反面），有可能形成購買。

(二)態度形成受訊息來源因素的影響

　　態度的形成受個人主觀經驗、家庭和同儕朋友、大眾媒體等的影響極大。

■個人主觀的經驗

　　每個人經歷每件事物所形成的「獨特」經驗，累積成為自己主觀的和個別的體驗，包括感官的、知覺的、情緒的或是生活的等，都會影響個人態度的形成。有鑑於此，行銷人員對於新產品上市的突破，會以折價券、免費贈品等方式，企圖刺激消費者真實體驗產品；或是由人員親身銷售、發行會員獨享的特約服務等，建立關係行銷或維持品牌忠誠度。因為，人都相信自己的所見、所聞、所經歷的為真實。所以由個人主觀體驗所形成的態度最穩定、持久。

■家庭和同儕朋友的影響

　　家庭對個人的影響由出生便開始，尤其是父母親的價值觀、態度等的教育，在兒童時期有形或無形中便潛移默化形成日後的態度，而逐漸成長且與外界社會環境接觸過程中，同儕朋友彼此影響態度的形成。例如台灣消費者從小看著、嚐著媽媽使用金蘭醬油調理的家常菜，長大後嫁作人婦，也會藉金蘭作出「媽媽的味道」；對流行性商品的態度，青少年最易受同儕團體的影響，手機、電腦等不斷地汰舊換新，外型、功能的閃靈變化就是最佳寫造。

■大眾媒體的影響

　　報紙、雜誌、電視等大眾媒體的訊息報導經常影響消費者的態度，尤其是一些新產品的觀念、趨勢、意見評論和廣告等，不但提供重要的訊息來源，也影響消費者態度的形成。例如休閒觀念透過報章雜誌等媒體的介紹，蔚為新的消費趨勢，車商也因勢推出休旅車

（recreation vehicle, RV）的新產品，消費者購車時除了新選擇外，也形成了新的態度。

(三)態度的形成受個人內外在因素影響

態度的形成受個人內在因素（需求、動機、人格等，如前面各節提及）和外在因素的影響。假如消費者需要購買某種產品，或認知對某產品的需求，自然對有關此產品的訊息、廣告加以注意，並形成態度（通常較為正向的），例如，懷孕婦女對孕婦裝、育兒百科、營養等訊息有立即性的需求；反之對消費者需求度較低的產品，則以運用名人、明星等提醒注意的廣告表現（前述，訊息周邊路徑理論）形成消費者的態度。

態度的形成與個人所互動的外在因素也有關。心理學者克爾曼（Kelman）從個人社會化歷程的概念出發，認為態度的形成需經歷三個階段：順從、認同和內化，即是個人行為受外在社會環境（人、事、物）影響的部分。

■順從（Compliance）

人是群居的動物，因此受社會團體的影響或壓力，每個人皆可能表現出符合此社會團體的行為和態度，即使其內心並非如此。從MTV、卡拉OK、KTV、 PUB、保齡球等消費文化的迅速轉換，可看出台灣的消費者「一窩蜂」的消費習慣，因為當時社會的「流行」，不管個人贊同、喜好與否，一律接收，也因此態度的轉變十分迅速。

■認同（Identification）

個人與社會的互動過程中，對團體或某個特定的對象產生興趣、喜愛並且崇拜，進而學習或模仿對方的態度、行為等，成為自己的一部分，此為態度形成的認同階段，與順從最大不同是，前者屬外在被

動影響,而認同則是個人內在主動的意願。廠商或廣告代理商不斷挖空心思塑造「偶像」,使消費者(尤其是青少年)認同即爲此理。

■內化(Internalization)

內化是態度形成的過程中,個人認同他人且調整自己的態度,以達平衡而持久的狀態。消費者認同外在環境時,也考量自己本身的特性,作理性適度的協調後,才真正內化爲自己的態度,根深柢固不易改變。消費者的品牌忠誠度,不但是產品廠商投入時間與精力,也是消費者對品牌形象內化,態度形成的寫照。

態度的改變

對大多數的行銷人員而言,使消費者形成對產品良好的態度,甚或建立忠誠度,是非常重要的行銷策略。但並非每一項產品都如市場領導品牌幸運,獲得消費者青睞,因此擬定行銷策略,改變消費者的態度和形成態度一樣重要。

(一)改變態度的行銷策略

行銷策略中改變消費者的態度主要目的:一爲轉變消費者對市場領導品牌或競爭者的態度(包括使用習慣、使用方法、促銷活動等),另一爲增加消費者對本產品的態度。

■轉變消費者對他品牌的態度

消費者對品牌的忠誠常被視爲一種迷思,領導品牌成功有天時、地利與人和的好運,而破解迷思、創造好運則有賴策略。直接或間接與競爭者作比較的策略是轉變消費者對他品牌態度的方法。

·細分產品類別區隔消費者

　　市場區隔是每一產品行銷重要的工作，不同品牌的商品有其所屬的目標消費者，例如可樂市場中兩大品牌：可口可樂和百事可樂，擁有碳酸飲料市場大部分的消費者，而七喜汽水進入市場時，則以「非可樂」的產品區隔，避開了正面衝突，開創另一類市場的消費者。

·破解品牌第一的迷思

　　欲使消費者轉變對原使用品牌的態度，有時需藉助外力，尤其是廣告，以艾維斯（Avis）租車公司成功地瓜分租車業第一品牌——赫茲（Hertz）公司為例，當年以「我們是第二品牌」（We are No. 2.）為廣告主題（catch），並在內文中（body copy）強調其比第一品牌更用心服務的精神，感動了許多消費者，不但打破了消費者對第一品牌的迷思，也使廣告文案人員不再倚賴「第一」、「最好」、「冠軍」等廣告文字。

■增加消費者對本產品的態度

　　如非創新產品推出，消費者對產品的態度（或觀念）總以第一品牌為準，因此欲使消費者「多看我一眼」，增加消費者的態度，「產品定位」是行銷人員慣用的手法。

·以產品主要屬性功能作定位

　　日產汽車的「省油」、「低價」是其吸引中低階層消費者的主因，而Volvo汽車則以強調「安全性」獲家庭、中壯年男性消費者喜愛。

·產品差異化定位

　　潘婷PRO-V洗髮精強調提供膠原蛋白，使頭髮更健康；沙宣洗髮精則讓妳擁有沙龍般的美髮。

·以使用者定位

　　萬寶路香菸針對「粗獷、豪邁不羈」的男性消費者訴求；而維吉

妮亞涼菸則以女性使用者為主。

‧以使用時機定位

舒跑運動飲料從初進市場的「運動後，迅速補充流失的水分」定位，再以「發燒、發熱時，醫生推薦使用」，到多天強調「舒跑也可以熱熱地喝（加熱飲用）」或是泡湯後可以喝等，皆以使用時機定位商品。

‧創造印象連結

家樂氏玉米片創造健康、活力的家樂虎；綠巨人玉米罐頭則增加了消費者品牌認知的連結。

‧產品解決消費者問題作定位

海倫仙度絲洗髮精解決頭皮屑的尷尬；嘉綠仙去除口臭，使口氣清新，產品直接點明提供的利益。

(二)態度改變理論

社會心理學者研究態度改變，提出許多態度改變理論，其中以認知失調理論和自我知覺理論最著名。

■認知失調理論

認知失調理論已於前面章節（消費者的認知）中介紹過，是指個人具有兩個彼此互相矛盾的認知，因此產生不愉快的感覺（李美枝，2000）。而改變態度是使個人消除或降低認知失調的方法之一。

通常消費者產生認知失調是購買行為發生後（post-purchase dissonance），購買前的想法和購買後的滿意程度無法平衡，因此總會先藉著改變行為（下不為例，不再購買）以降低失調；或是尋找合理化，足以安慰自己的解釋等方法，但皆屬暫時性的調適，而改變態度其實才能真正使消費者從認知上消除或降低失調感。

首先接受既定的事實（購買行為已發生）或新的想法，然後重新

評估、產生矛盾和不滿意的地方，並從中取得經驗（lessons），創造協調也是一種平衡法，例如換季拍賣或是網路購物，女性消費者衝動性購買的結果是，明明購買時以目測自己符合衣服的尺寸，但買後卻不能穿或不能退貨，因此趁此減肥就可穿新衣的說法可大大消除心中的失調。

■自我知覺理論

自我知覺理論是班（Bem, D. J., 1965）提出，認為個人瞭解自己態度的過程與瞭解他人是一樣的，皆由外顯行為和情境推知；因此當自己對自身的態度模擬不清時，以觀察者的角度自我審視，藉著環境的影響，和自己的表現，他人的描述等的結果，重新定位自己的態度。

透過自我知覺的歷程，而將自己表現的行為加以歸因（attribution），改變態度，其中內在歸因（internal attributions）和外在歸因（external attributions）是重要的關鍵，前者是指個人將成功或好的表現歸因於己；而自己的成功歸功於別人的幫助，則屬後者。行銷策略的制定必須依據消費者行為是內在歸因或外在歸因，改變態度。例如對電腦無使用經驗的消費者，如果IBM提供了簡易的入門系統，使其很快上手而獲得滿意，此內在歸因為自己適合此品牌的產品；而外在歸因為IBM使我獲得電腦啟蒙，助益良多。有時外在歸因會是消費者負面的歸咎，「都是買了這產品，才……」，因此行銷人員只能對商品作保守的承諾，而不是過度的渲染。

緊來台灣看好戲

資料來源:第二十七屆時報金犢獎

第三節　品牌故事：完整訊息接收過程

　　態度是一種累積的效益，經歷訊息體驗的結果。誠如網路上流傳的一段話「人們可能忘記你所說的、所做的；但是，它們不會忘記你所給它們的感覺」；而《體驗行銷》（*Experiential Marketing*）的作者史密特（Schmitt, B. H.）博士在書中提及「有效的行銷目的只有一個：創造一個有價值的顧客體驗。如果它是個好體驗，顧客將因而感謝你，對你的企業忠誠，並為它支付一筆報酬」。這兩段話，無疑是整合行銷傳播精神對消費者研究的最佳詮釋。

　　閱聽眾或是消費者對品牌認知過程，其實是一完整體驗歷程後的結果，就是完形心理學所談的知覺的完整性，就像我們對「誠品」的印象是「閱讀不限空間」的時尚都會感；對「南山人壽」品牌的立即反射反應就是「好險，有南山」；統一7-eleven的City Café已經是每天早上出門最方便的提神必需品，因為「整個城市都是我的咖啡館」。為什麼我們對一個品牌的認知最後已經不需藉由認知心理學所闡述複雜的過程，而僅是第四章所談的行為的反射而已？原來，品牌訊息體

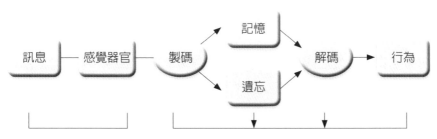

認知訊息的察覺＋精神分析的催眠……＋認知訊息意涵處理＋行為制約後的反射
＝知覺統整的完整性（品牌或整體氛圍）

圖7-1　完整體驗的歷程

驗的歷程是經過認知的五感刺激和訊息的察覺，經過精神分析學派的不斷反覆催眠，然後再進入認知訊息的處理（製碼結果對有意義的儲存在記憶，無意義的就選擇遺忘），最後對相同訊息則以最快速的刺激——反應的方式做出回應，這就是體驗行銷。

品牌完整接收的過程包括下列幾項要素：

1.五感體驗：精神分析的催眠（前段）。
2.購買決策歷程：行為主義的反射（後段）。
3.完形心理學（Gestalt）：知覺的完整性。
4.形象背景原則與情境效應。

完形心理學（Gestalt Psychology）

完形心理學派1912年在德國創立。中文譯為「格式塔心理學」或「完形心理學」，是一門在十九世紀末出現的心理學派，為近代知覺研究的基礎。主要源起於二十世紀初德國文化強烈抵制英法傳統哲學思想的聯想主義、原子主義和機械主義。年輕的德國學者寄望於整體和超越，並將此發展視為擺脫德國文化危機的出路。

主要代表人物有威特海默、苛勒、考夫卡。他們強調心理學現象的整體性，認為心理現象的特性是神經系統內生理興奮過程的全體，且具有動力的次序。因此任何研究均應該保留心理現象的原來形狀，盡量忠實而完備地觀察其特色。所以歸結一句結論為：整體大於部分之和（部分的總和並不等於全部）；而部分之間的關係，在孤立分析部分時，是難以包括進去的。

威特海默的似動現象

威特海默（Max Wertheimer, 1880～1943）。德國心理學家。格式塔心理學派創始人。1880年4月15日出生於奧匈帝國時的布拉格。

他的父親威廉曾管理一所私立商學院多年。母親是業餘小提琴手。威特海默求學於布拉格一所天主教學校，後進入布拉格查爾斯大學學習，開始主修法律，繼而主修哲學和心理學。1902年轉入梅林大學，與一些著名人士一起研究哲學和心理學。1904年進入符茨堡大學以「偵察罪犯的語詞聯想方法」的論文獲得哲學博士學位。

以後六年時間，他曾在維也納、柏林、符茨堡、布拉格等地的心理學和生理學機構與診所工作過，對於語詞聯想技術作了進一步的實驗。1910年夏季，當威特海默渡假坐在列車上，突然領悟到「視見運動」的知覺時，便在中途法蘭克福下車，購得一只玩具移動觀景器，並在他的旅館房間裏開始了知覺實驗。不久，他便把該項研究轉入法蘭克福學院（後來成為法蘭克福大學）的舒曼心理學研究所，苛勒和考卡夫充當了這些實驗的受試，並共同闡釋了有影響力的格式塔心理學派原理。

他們把「似動現象」的實驗，讓受試者把一個實驗上是靜止的刺激，產生一種特殊的運動知覺，用這個現象對流行的知覺理論作駁斥，並在1912年出版這些研究成果，代表格式塔心理學派的問世。

(一)整體大於部分之和

德文Gestalt一詞可以被用為「形成」或「形狀」的同義詞，是具有作為某種被分離的和具有「形成」或「形狀」。亦即，用來解釋一個東西是如何被「組合在一起」，在心理學上常被翻譯為 pattern（模式、樣版）或 configuration（結構、外貌）。

這個知覺理論是爲了對抗傳統的「原子論」模型發展而來。就原子論的觀點而言，所謂的「模樣」，是由彼此無關的視覺元素組成的；但是，例如「前景－背景」互換，說明了人類會以各種方法將接收到的視覺刺激組織起來；對整個場景的詮釋方法不同，視覺經驗也就跟著不同，亦即整體不等於其部分之和。

(二)每個人看團體照片都是先看自己，自己拍的好壞決定照片的好壞

「完形效應」是我們感官的一種能力，會將所見的拼湊成一整體形象，而不會將其單單視爲直線與曲線的集合。我們人類偏好的，是整齊、有系統的結構，所以舉目可見的商標經常只是一些簡單的圖形或線條，就是基於完形法則提升辨識度的考量。

完形心理學最基本的規則爲簡明性（prägnanz）。也就是說，我們會嘗試以愈「完形」愈好的方式來看一個東西，例如規律、單純、對稱……等等。設計學上經常運用的定律可以說明：

1. 封閉律（closure）：爲了完成一個樣式，我們的腦袋會自動填補該樣式缺失的部分。

2. 相似律（similarity）：我們的頭腦會將相似的元素視爲一個整體。這個相似性與元素的形式、顏色、大小以及明暗程度有關。

3. 鄰近律（proximity）：鄰近的元素會自動被我們視爲屬於同一個群體。

4. 對稱律（symmetry）：在其他條件相同的情況底下，我們傾向把事件組織成滿足對稱的情況。

5. 連續律（continuity）：會傾向將一種樣式延續下去，縱使該樣式已經結束。

表7-3　完形心理學在設計上之應用

設計上的應用	實例	說明
封閉律 （law of closure）		蘋果電腦的品牌識別，我們仍會認為是「完整的蘋果」。
相似律 （law of similarity）		一個小紅人與一群小黑人，我們仍認為是「一群人」。
鄰近律 （law of proximity）		A與B比較，A看起來比較密集。
對稱律 （law of symmetry）		我們仍自然分類為1，3，5為一組，而非2和4。
連續律 （law of continuity）		我們仍會認為這是條「完整的魚」。

品牌故事：故事十氛圍＝體驗行銷

(一)泰國行銷

泰國行銷國家五件事：泰菜，政府力挺；醫療，便宜貼心；特產，村村皆有；微笑，自小養成；耐心，塞車不急。

泰國政府向全球推展泰國美食，採「整廠輸出」策略，凡泰國人在國外開泰國菜餐廳，經政府認證，可獲低利貸款，但必須使用泰國製造食材。目前泰式餐廳在全球超過兩千家，泰國政府還提供補助，讓廚師到曼谷受訓。醫療旅遊的部分，曼谷至少有兩家以上五星級醫院，美式品質與管理，有東南亞最大私人醫院，爲國外病人提供加值服務，如中、日、英、泰和阿拉伯文等標示，翻譯人員隨時待命；每天有超過三千人求診，平均不到二十分鐘看到醫生。泰國手術費只要歐美的1/4到1/5；醫院在機場有櫃檯，直接到登機門接客；醫院有移民官辦公室，協助國外顧客辦簽證；醫院有旅行社專門安排機票與旅遊事宜。2001年開始推一村一特產，鼓勵四萬五千個村開發一種具優勢的產品，可領到一百萬泰銖作爲周轉資金，政府幫助推廣至國內外。政府協助地方選擇產品，訂定行銷策略，分爲「適合外銷」、「適合國內市場」、「局限於地方銷售」等類，並進行智慧財產登記，防止仿冒，邀知名設計師提供商品包裝設計，以符合外國市場潮流，參加國際貿易展，打出MIT名號。

同時推出「微笑泰國」運動；泰國人認爲，發脾氣是下下策，卑劣儀態，要保持冷靜平和，控制情緒，才是上策，微笑深入各行各業，從小養成；如果客人坐在低矮的沙發上，服務生一定會蹲下或跪下送餐，這是一種禮貌。曼谷經常塞車，居民見怪不怪，按喇叭無

用，耐心等待為妙。

如此，泰國無疑成為一個品牌國家。

(二)蘇州行銷

「上有蘇杭，下有江南」，一年蘇州觀光客超過三千萬。只要旅遊蘇州的觀光客一定有這樣的經驗：到蘇州不能只看小橋流水人家，還要帶條蠶絲被。為什麼蘇州蠶絲被如此獲得青睞？就是透過認知的知、感、意三步驟的體驗模式運作，完整地說了一則動人的品牌故事。

1. 知：認識與知識的取得，有系統且有組織地安排介紹內容流程（導遊先介紹）。
2. 感：專業人員的介紹並行訴良好的環境氛圍和體驗操作，故事化的整個價值鍊，並以國家認證保證讓消費者買得安心（四個女紅開始操作蠶絲被製作，也請你試試看）。
3. 意：與達成行動效果（銷售人員推銷購買）。

為什麼要說故事？

最古老也是最有力的影響工具就是「說故事」。大家都喜歡聽故事，故事能幫助我們理解事件之間的關係，我們藉由故事來建構、詮釋與分享經驗。在一個品牌價值的年代，廣告賣的不只是商品，更是必須傳遞品牌的價值與意義，而最能在企業與顧客之間建立情感連結的，就是故事。

每一個故事都強化了商品本身想要傳達的訊息，在消費者腦海留下深刻的記憶。在品牌行銷中，只要故事說得好，就能在品牌和消費者之間，創造一個具有深刻意義且影響長久的共享經驗。總之，說故事的目的就是想刻意影響聽眾，並藉著某種情緒和感受，去打動消費

者的心。

　　一個好的故事能讓品牌與消費者之間產生更強的情感與連結，並且發揮故事的感染力與說服力。因此，故事必須能夠創造特定的情緒氛圍，以引發消費者的想法與信念。我們的心情會隨著劇中主角的挫折與成就而起伏，跟著故事的脈絡，期待故事中的問題將會如何被克服與解決，這也就是許多連續劇、系列小說或漫畫讓人著迷並且期待續集發展的地方。

　　故事對人們的高度影響力，以及在現今生活中故事被廣泛地運用在品牌行銷策略中，是相當值得研究的焦點與主題。那麼，品牌到底要怎麼說故事才能說得精彩、說得讓人心悅臣服，進而喜愛消費該品牌的產品呢？不同類別的產品又該如何進行說故事的品牌行銷，才能滿足消費者心中對品牌價值的嚮往或想像呢？

故事是什麼？

　　根據Hopkinson & Hogarth-Scott（2001）的整理，故事有三種定義：(1)故事是事件的事實性報告。(2)故事是神話，其描述的事件是經過說故事的人解釋的版本。(3)故事是敘事（narrative）（轉引自賴佩婷，2006）。而根據維基百科對於「故事」的解釋：故事並不是種文體，它是透過敘述式的方式講一個帶有寓意的事件。它對於研究歷史上文化的傳播與分布具有很大的作用。

　　那麼，如何使故事成為一個故事？一個敘事的重要思考面向是它的結構。Escalas & Bettman（2003）認為敘事的結構由兩個重要的元素組成：時序性（chronology）與因果關係（causality）。

　　事實上，學術界對於敘事結構的看法並沒有一致性的觀點，Escalas & Bettman（2005）整理了不同學術領域的學者對於故事結構的定義與解釋，如**表7-4**所示。

表7-4　各領域中對故事結構的論述

學術領域	故事的元素／特性
心理學者 Bruner （1990）	1.敘事必須包含一個致力於行動以企圖達到目標的中介者。
	2.事件與狀態是一種線性化的標準方式，做為事件的因果關係。
	3.敘事必須要有標準的規則，在規則之下組織事件。
	4.敘事絕非是沒有聲音的，它總是來自於一個敘述者的觀點。
修辭學者 Burke （1969）	1.What－做了什麼，也就是行動。
	2.Where－何時或哪裏進行，也就是背景。
	3.Who－誰去做，行動者是誰。
	4.How－行動者如何做，這裏的行動者可以是處事者或工具。
	5.Why－為什麼而做，是指目的或意向是什麼。
語言學家 Labov （1982）	1.摘要，用來概述敘事的主旨。
	2.情況介紹，包括時間、地點、形勢與參與者。
	3.複雜的行動，也就是接二連三相繼而來的事件。
	4.評估，這是行動的重要性與意義，等同於敘事者的態度。
	5.解決問題，這是最後發生的事。
	6.完結（coda），重回到當前的觀點

　　歸納以上不同學者的觀點，故事結構是由許多傑出的觀點所組成，必要的構成要素有時間面向、空間面向、關鍵的角色以及故事中的因果關係。因此，我們可以這樣來定義故事：故事將各種角色、事件、場景等要素安排成具有時序性及因果關係的結構，並且闡明目標、評估達到目標所需要的行動，以及說明結果，它可以是虛構的神話、寓言、小說，也可以是真實的趣聞、軼事或是生活片段的記錄。

如何說一個好故事？

　　事實上，並不是每一個故事都可以達到預期的目標效果。想要創造一個引人入勝的廣告故事，只是表達故事中的觀念是不夠的，說故事還必須經營一個故事的結構。所謂「故事的結構」應該包含：

(1)時序性（chronology）；(2)因果關係；(3)目的、行動和結果等要素（Escalas, 2004）。

說故事必須依照故事的結構，掌握故事情節的發展邏輯，才能有效影響聽眾。Simmons（2004）亦指出，好的故事能夠喚醒人們的感覺和情感，激起並活化他們的想像力。利用聲音、音樂、照片、圖像、幽默、對話、有形的元素，任何讓人們感到真實存在的材料，吸引他們共同創造一個碰觸他們意識與潛意識的故事（轉引自陳智文澤）。

Gergen & Gergen（1988）帶入戲劇的論點，認為故事在時間中劇情高潮迭起的程度是說一個好故事的關鍵，劇中人物情況的改善或惡化、成功或失敗的交替可以引發觀眾情緒的反應。在兩位學者的論述中，我們可以發現故事中的人物特質、事件發展的脈絡以及故事的背景、地點，是建構一個好故事最基本的要素。

因此，德國故事管理專家Loebbert認為訴說品牌故事時很重要的一個思考點是：「我們該編出什麼樣的故事，可以讓顧客覺得，買我們的產品是很有意義的？我們該如何改善產品，讓這些產品對顧客自己的故事和經驗產生意義？」（轉引自吳信如譯，2005）因為，企業如何為消費者創造一個具有豐富意義的故事，是打造品牌時所必須要思考的。唯有如此，品牌與消費者之間才能共享情感，並且與消費者的生活或生命體驗產生連結。

(一)資訊時代如何說故事？

故事的元素包括文化元素〔台灣文化風格有原住民風、河洛風（如媽祖和八仙彩）、客家風、大中華風（如八卦和故宮）、新台客風等〕；而最珍貴的資產是愛；古老的和禁忌的元素也是故事的一種切入；故事中的另一種價值，及文化創意就是故事。

(二)說故事技巧

創意無法格式化，但學創意是學技巧。真正創意是一個任何的可能性——認識自己，遺忘自己。營造一種真實感，讓人身歷其境；或是提供想像，回味無窮；亦或是活潑有趣、幽默感；故事讓人出人意表驚奇感。

(三)迷人的品牌故事

1.兼顧公司內外一致聲音的品牌故事。
2.聆聽消費者的故事。
3.使用真實親近的溝通語言。
4.試著寫出你的品牌策略在故事裏。
5.使用幽默。
6.用可以想像的方式說出你的故事。
7.放入情感在故事裏。
8.讓消費者能體驗的故事真諦。
9.不要想操控品牌故事所有的方面
10.品牌故事必須完整。

說故事行銷的重要性：顧客買的是故事，而不是事實

為什麼「故事行銷」可以成功建構品牌呢？那是因為大家喜歡聽故事，比較不喜歡聽大道理；而且故事可以將產品與消費者的情感做連結，拉近了人與產品的距離。在這個價值取勝的年代中，人們所購買的往往不只是商品，可能是產品背後動人的故事或嚮往的生活方式或觀念的認同。

事實上，故事本身就是娛樂、導引、告知和說服的最佳工具。說故事更能創造親和力，讓理性的論證有可能被聽到。Loebbert（2003）曾指出「故事具有邀請聽眾去想像的功能，它會持續影響我們，改變我們在實際生活中的觀點、認知與判斷」。一段好的故事在結束之後，依然會在我們的心中持續上演，久久揮之不去，慢慢地滲透到我們的思想裏，對我們造成影響。

Bruner曾在1986年做過以下的論述：「一個好故事和一個好論點是完全不同的兩回事。兩者都可以用來說服我們相信某件事。但是，論點是用它的事實內容來說服人，故事則是因為其接近個人的生活而取得共鳴。」Bruner指出，人們進行認知處理時有一自然傾向，即是把人、物、事、行為、行為發生的場景等等以故事的形式加以組織，排列順序，去理解它們的關係，他稱此傾向為「敘事型思考」（narrative mode of thought）。敘事型思考創造的故事是將個別特殊的經驗以連貫的方式來描述，人們以故事的形式來思考他們自己以及他們周圍發生的事件，使他們的生活產生意義。

說故事行銷的核心：在於尋找一把解決問題的鑰匙

根據亞里士多德的《詩學》指出，故事都有情節，故事情節的鋪陳包含基本的三段形式：開始、中場、結局。而這種「開始、中場、結局」三段式的故事結構反映的是「導入情境、錯綜複雜、解決難題」（situation, complication, resolu-tion），這才是故事結構真正的本質。

德國故事管理專家Loebbert（2003）亦曾指出，故事具有戲劇的形式，通常會呈現出緊湊的戲劇張力，並提出一些可能的解決方案。他曾說：「故事一開始，代表各種行為的角色就會陸續出場，主題和動機也開始逐漸呈現。劇中充滿了靜待解決的緊張、等著被回答的問題、各類機會或可能性，以及一些有待澄清的矛盾。阻力與障礙將不斷地產生，

直到戲劇的高潮或轉捩點：解決、答案和解釋浮上檯面。」

　　因此，故事情境置放在品牌行銷過程的時候，故事的結局往往都是呈現品牌可以為消費者所貢獻的效益，也就是這個品牌想要為消費者帶來美好的生活，建立彼此之間長遠且深厚的關係。

說故事行銷的力量：凝聚品牌的認同與情感

　　Escalas（2004）認為，敘事型的資訊處理可以創造或加強自我與品牌之間的連結（self-brand connections, SBCs），因為人們通常使用一個合適的故事來詮釋他們的生活經驗。所以，當聽見或閱讀一個故事的時候，消費者會被拉進一個情境與感受情緒的特別感覺中，獲得與自己相似的經驗或個人的意義。因為故事會激起視覺印象與情緒，使它容易被記得。Bell（1992）說：「一個好的故事能夠觸及某些我們熟悉的事物，展現與我們生活、世界、個人相關的新事物。」這是因為，敘事型的資訊處理可能創造一種自我與品牌之間的連結關係。當消費者企圖將所接收的品牌資訊繪製到他們原本存在於記憶的故事上時，品牌對消費者來說就會變得有意義，於是消費者就會在心中建立自我─品牌關聯性。例如：星巴克和個人生活品味的面向產生連結，Mercedes-Benz則可能和個人的社經地位面向產生關聯。當品牌故事與消費者自我的故事連結度越強，那麼該品牌對消費者來說就會更具意義。

　　許多消費者研究指出，人們使用產品和品牌來創造和表現渴望中的自我形象，以及呈現這樣的形象給他人或甚至是他們自己。消費者重視這種心理的和符號的品牌利益的原因之一，是因為這些利益可以幫助消費者建構他們的自我認同或在他人面前展現自己。而故事就是扮演著品牌與消費者之間情感與意義轉衍的中介，消費者會循著故事的脈絡建構自我對品牌的想像與體驗，引發情感的認同。然而基本上，品牌聯想、品牌認同甚至是品牌忠誠，都是品牌能與顧客建立長

遠關係的重要因素。

品牌故事亓銷的重要意義

德國故事管理專家Loebbert（2003）認為，從品牌管理的角度來看，品牌故事的重心應該是「品牌的性格」，也就是上演一齣「我們存在的目的」或「我們獨有的貢獻」的故事。品牌必須有自己的性格，它必須是「絕對僅有的」，無法被「模仿」，能從內部自我發展，必須喚起信任感。因此，品牌的利益與價值、品牌的形象、品牌的獨特性都可能成為品牌故事的主題，因為它們最能直接傳達品牌的眞髓。

而意義往往才是品牌故事的賣點，它也是故事結構要素之一的「主題」。故事的主題指的是影響故事發展的中心概念，主題指出故事內容所要傳達的意涵，辨認一則故事主題的方式就是問自己：這個故事究竟支持哪種人生觀，或這個故事提供我們什麼人生啓示。因此，品牌說故事最重要的是建立在消費者「如何思考」的觀點上，以消費者的觀點出發，創造出其所想要的品牌價值。

以品牌故事建構品牌資產

根據Aaker（1991）、Duncan（2002）、Keller（1998）等人的理論，打造品牌的目的就是在與消費者建立關係、維持關係、強化關係。打造品牌是透過品牌的名稱、符號、代言人，以及圍繞品牌的各種資訊和訊息，去影響消費者對品牌的認知，誘發消費者對品牌的聯想，塑造消費者對品牌的形象，對品牌產生信任，最終與消費者建立良好長遠的關係。最後，品牌與消費者的長遠關係，將進而轉化成寶貴的品牌資產。而說故事正是打造品牌的有效策略，因為唯有故事才

能把品牌與消費者（或其他利害關係人）直接的經驗連結起來（黃光玉，2005）。

　　Keller發展了一個以顧客爲基礎的品牌資產模式（customer-based brand equity model, CBBE），建立在消費者如何學習、感覺、聆聽一個品牌，因此，品牌是必須建立在消費者心中的。而CBBE的四個步驟，依序是建立適當的品牌識別、創造合適的品牌意義、引發正確的品牌訊息、與顧客鍛造出適合的品牌關係，這個過程與品牌故事的脈絡與意義相似，都是想要透過消費者對於品牌識別、聯想、關係的發展模式，達到累積品牌最大資產的目標。

　　故事的結構與CBBE建構品牌資產的模式作比對，相互呼應的關係如**圖7-2**所示。而CBBE模式的步驟，分別代表的意義是：

1. 第一步、品牌識別，Who are you?：確定顧客的品牌識別，和品牌在顧客心中的聯想連結到特別的產品或顧客需求。
2. 第二步、品牌意義，What are you?：建立顧客心中的品牌意義。
3. 第三步、品牌回應，What about you?：引出顧客對品牌識別和品牌意義的回應。
4. 第四步、品牌關係，What about you and me?：將這些回應轉化爲忠誠的品牌關係。

　　其次，在故事的結構中，時間以連貫的方式（也就是因果關係）將一個人的過去、現在和未來串連起來形成現在的身分（identity）。因此，我們對自我的感覺是透過故事來引導的，在故事中我們創造關於「我是誰」，在我身上發生了什麼事，我做過了什麼，以及我希望變成什麼。

　　總而言之，我們用故事來瞭解世界的同時，我們也用自我的故事來思考關於自己本身。

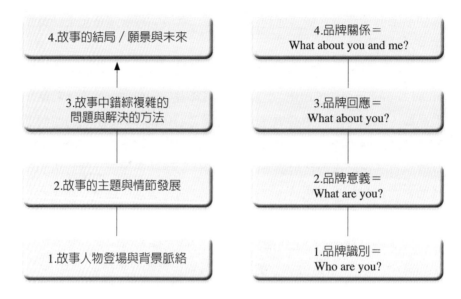

圖7-2　CBBE模式（以顧客為基礎的品牌資產模式）

CHAPTER 8

人本主義學派的樂活消費

人本學派學者：＃馬斯洛　＃羅傑士
重點提示：＃樂活　＃需求層級論　＃我思故我在　＃現象場
　　　　　＃自我概念　＃自我實現

我們追求樂活消費，因為需求層級論中基本需求已被滿足。
我思故我在是經歷一連串現象場的自我內省與覺察，
當自我概念越發清楚時，自我實現就是與世界共生與共好的落實。

甘地說：「活得簡單些，只為了讓別人也能生存。」

敬天愛物，仁者無敵。這是人生意義的最高境界。

人類，自詡為地球上的物種之一，似乎已主宰了地球的命運，看似很有遠見，卻是集合謀殺地球的元兇。因此，眾所討論的焦點都是反思如何共生與共存。現代文化強調並學習與地球相處，並衍生出新地球倫理，引導出讓萬物都能活在這個地球上的行為，善盡每一個人能貢獻於地球的責任。而新經濟則強調的是，在現代文化薰陶下的企業能敏感覺察到顧客的價值觀已改變，而以新的產品或服務來回應需求。無論個人或企業，不再以累積和炫耀財富為目標，而是以增進人類整體生命利益為評價的標準，關鍵不在於開發地球資源的量，而在於使用的方式與態度。

延伸思維至文化創意，應是結合文化和企業重要的橋樑，文化產業的藝術成分肩負重要使命，因為藝術可以影響我們對自己生命的評價，以及彰顯自我與其他生命的關聯。藝術能潛移默化，喚醒人心，激勵行動。藝術品能激發創意，喚起共鳴，讓新意識浮現，改變人們原有的喜好、價值觀和信念，由以往物質的追求，轉化成與大自然調和的新道德，與天地同呼吸的新美學。

樂活（lifestyle of health and sustainability, LOHAS）即為在此觀點下的新思考，起源於美國社會學家Paul Ray在1998出版的著作《文化創造：5000萬人如何改變世界》（*The Cultural Creatives: How 50 Million People are Changing the World*），他將樂活的定義為健康與永續性的生活方式。根據美國《營養產業期刊》調查，樂活以每年10%的速度成長。

第一節　樂活的人本地圖

樂活，呼應人本心理學的基本思想——以人爲本。由自身出發，愛自己、愛別人、愛地球。惟有先懂得愛自己，才有能力去愛別人，進而才有能力思考與用行動關懷地球。以樂活爲名的行銷和廣告活動，其實就是一股廣告的新勢力——人本廣告的觀點。

所謂人本廣告觀，就是廣告以閱聽衆爲根本和目的，一切爲閱聽衆的廣告觀念。如果說二十世紀的主流廣告強調廣告是銷售的手段、所有的廣告活動都是爲了促銷或行銷商品，以物爲本、單向傳播的話，那麼關切人的生存狀態、重視人的價值、捍衛人的尊嚴幸福、滿足人的整體需求、關注人的個性發展、以人爲本、突出與人的溝通，則是新的人本廣告觀念的核心。

人本廣告觀使當代廣告的內容發生了重大變化，品牌形象已不僅僅是產品及其功能，而是廣告的主要內涵。品牌是一種錯綜複雜的象徵，它是品牌屬性、名稱、包裝、價格、歷史、聲譽、廣告方式的無形的總和，同時也是廣告閱聽衆和消費者頭腦中感知和理解的集合。品牌傳播爲廣告的核心內容，實際上意味著廣告的符號表達、文案和圖像要素必須有所變化。人本廣告觀的崛起既是現代廣告觀念嬗變的結果，又與市場學觀念發展、傳播觀念演進的新態勢相一致。

人本廣告觀的特點是廣告閱聽衆爲完整的人，注重受衆生活方式的建構。重視消費者的價值觀。誠如詩肯柚木網頁中在公司的理念中的第一句話：「爲家居注入溫暖，歡迎。」其中透露品牌的理念在於若是消費者選擇他們的家具，將使他們建構一個屬於自己的獨特居家生活環境。如果家具產品本身只能裝飾環境，不能築造一個完整的家，就無法滿足人的基本需求，回歸一個家的想法終究應該以人爲

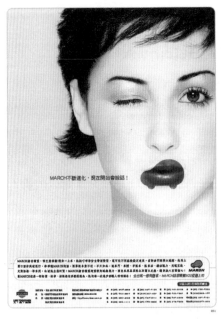

裕隆MARCH——唇形篇／鬧鐘篇／音樂鈴篇

資料來源：第二十五屆時報廣告金像獎平面得獎作品集

本。因此，品牌使命是把焦點放在兩方面：產品和顧客。產品研發人員必須洞察消費趨勢，以便瞭解顧客在裝飾居住環境時的喜好和需求，讓消費者自己建立屬於自己的生活風格，使消費者自己去感受品牌所建立的品牌價值。此外，品牌理念中也提出了：從宏觀的角度來看，家不僅僅只是居所，社會本身就是集體的居住環境。詩肯柚木有崇高理想，要推廣博愛仁慈、服務人群的社會精神。過去這幾年來，該企業積極參與社會服務活動，組織服務老人家的活動，以及協助提升年輕人對愛滋病的防範意識。此外，也跟新加坡南洋理工學院聯辦了一場名為「向家庭致敬」的活動，鼓勵年輕人多與父母親溝通，加強彼此間親情。詩肯柚木相信，社會本身就是一個由許許多多小家庭組成的大家庭。

宜家家居也鼓勵消費者創造出屬於自己獨特的家具，從DIY組合開始，人人都可以成為自己居家生活的設計師。讓消費者自我覺醒，使消費者自己感受並且創造獨特的生活風格。將此拉回人本主義來看，人本主義著重在於每個人的人本精神，注重自我的核心概念。就如同羅傑士（Carl Rogers）曾說過的：「當人們敞開心胸歡迎各種經驗時，他的行為就有創意。」當創造出屬於自己的生活品味時，也許也是一種自我實現的途徑。

自我實現的樂活，就是人本心理學的基本觀：我思故我在。

 ## 第二節　我思故我在的人本

幾千年來，從「認識你自己」到「我思故我在」，人類不斷討論屬於人類專有與生俱來的大哉問。這是人本主義學派的核心想法。

人本論（humanism）是心理學派別中最富哲學氣息的研究趨向，不強調科學性或數量化調查的特色，與其他學派大異其趣，在

五○、六○年代形成了一股心理學的第三勢力。人本主義源自於哲學家齊克果、沙特、尼采所主張的「存在主義」，即個人具有獨特性（unique）、完整性（wholeness），而每個人皆可以改善現況，追求完美，強調個人不斷地追求自我察覺（self-awareness）、自我接納（self-acceptance）、自我行動（self-action）、自我實現（self-actualization）的過程，體會自我真正的價值。所以，我思故我在的人本應是自我導向和自我選擇。

　　人本主義學派中最具代表性的兩位學者為馬斯洛（Abraham Maslow）和羅傑士，其中馬斯洛的需求層級論（hierarchy of needs）和羅傑士的「自我論」（self theory）概念，對消費者行為研究具有重大貢獻。

人本之父：亞伯拉罕・馬斯洛

　　馬斯洛（1908-1970）生於美國紐約市。雙親為俄國移民至美國的猶太人。

　　他身為布魯克林郊區一個非猶太區裏唯一的猶太籍孩子，七個孩子中最大的一個。他的父母未受過教育，但他們堅持讓他學習法律。起初他滿足他們的願望進入紐約市立學院，但三個學期後轉到康乃爾大學，進入大學時，首先按照父命選擇攻讀法律，但不到兩星期就感覺自己不適合當律師，而另選擇各種喜歡的學科。讀到大三時，馬斯洛轉至威斯康辛大學，也就在此大學接受了完整的心理學教育與訓練。

　　在求學過程中備受孤獨與痛苦的煎熬。他曾說過：「我很奇怪，為何我在幼年時代，不是一個精神病患？我是一個處於四周皆非猶太人的小猶太人。這種處境猶如一個小黑人單獨進入白人學校就讀一般。我既孤單又不快樂，因此常常埋首在圖書館的書堆中。在孩童與青春期的歲

月中,我可說是在獨學而無朋友的狀況下長大的。」

他對母親的感覺相當疏遠,他曾說過他母親對於所有人包括自己、丈夫、孩子都缺乏感情。他說:「我能肯定這是母愛缺乏所帶來的直接後果。我的生活哲學以及研究、理論建構的動力,均源於對母親的憎惡、對其所支持的一切事物的拒絕。」

根據他的遭遇推斷,以上這兩個因素或許是影響他追尋美好人生的動機,以及致力於研究健康人性、人的行為,進而發展出之後的相關理論。

他在圖書館飽覽許多書籍也為他日後的學術研究奠定相當的基礎。大學求學時期,接觸的幾位大師包括行為主義大師華生(J. Watson)影響,致力於行為主義;哈洛(H. Harlow)博士研究猴子之好奇行為和情感發展;以及魏斯麥、荷妮、阿德勒、佛洛姆等奠定與塑造馬斯洛人本主義根基,創造出著名的人類需求層級論。

1928年在他二十歲時,與他十九歲的表妹貝莎·古德曼(Bertha Goodman)結為夫妻,結婚對他的影響極大。他曾說:「生命對我而言,似乎從我結婚並轉學至威斯康辛大學時,才算真正開始。」初為人父讓馬斯洛原本對行為主義的熱衷消失殆盡。他說:「當我看著這神祕的小東西時,我有些糊塗了。那種神祕不能自主的感覺使我驚奇萬分。」「我們的小孩完全改變我這個心理學家,使我過去所熱衷的行為主義顯得荒謬無比,以致我再也沒興趣……我敢說,任何養過小孩的人,絕不可能是個行為主義者。」小孩複雜的行為表現,讓他相信行為學派只適用於比人類低等的動物。

人,終其一生追求

二次大戰使他致力於發展一種可由實驗與研究加以證實的人性論。他要證明,人類能超越戰爭、偏見、仇恨等,而臻於更完善、更

高超的境界。

　　人類的欲望是無止境的。當一種慾望得到滿足時，另一種慾望立刻取而代之。

　　人類最顯著的一項特徵是，終其一生總是在追求某種東西。因此我們必須探求人類所有動機彼此之間到底存在何種關係。這就是動機需求層級理論。需求階層的概念是，人會在低階需求獲得滿足後才會往下一階層追尋。人總是從達成基本需求（生理、安全）後才思考心理需求（歸屬和愛、自尊），進而體悟自我實現的生命最高價值。

1.生理需求：維持身體運作的基本需求，個體感受到強烈驅力，例如：飢餓、口渴、性等。生理的驅力優先於任何其他需求。
2.安全需求：人身安全、生活穩定以及免遭痛苦、威脅或疾病等的需求。
3.愛和歸屬的需求：友誼、愛情以及隸屬關係的需求。人天生是一種社會動物。我們喜歡且熱愛他人，也希望他人熱愛且喜歡

圖8-1　馬斯洛的需求層級論

4.自尊需求：自我尊重包括信心、能力、成就……等。另一方面他人對自我尊重，承認、接受、關心、地位、名譽、賞識……等。

5.自我實現需求：個體「自我改進」的要求。成為自己理想中的完整個體，達到潛能的巔峰。

表8-1　需求層次與人格功能

需求層次	匱乏狀況	實現狀況	例子
生理	飢餓、口渴、性挫折、緊張、疲倦、疾病、無安居之處	放鬆、解除緊張、感官享樂經驗、身體上的幸福感、舒適	飽餐一頓後的滿足
安全	不安全、失落感、恐懼、強迫觀念、強迫行為	安全、精神上的平衡、泰然自若、安靜的心	穩定工作的安全感
愛	羞怯（自我意識） 沒有人要的感覺 無價值感 空虛 孤獨 寂寞 不統整感	自由流露情感 統整感 溫馨感 一起成長感 注入新的生命與力量感	沉浸在被完全接納的愛之關係中
自尊	無法勝任感 消極悲觀 自卑感	信心 精幹 自尊自重 自我擴展	因表現優異而獲獎
自我實現	疏離 形而上疾病 生命缺乏意義感 枯燥無味 千篇一律的生活 狹隘的生活範圍	高峰經驗 存在價值 實現潛能 獻身於愉快且有價值的工作 創造性的生活 對事物充滿好奇心	大徹大悟的體驗

此外，馬斯洛的自我實現具備十六項人格特質：

1.瞭解並認識現實，持有較為實際的人生觀。

2.悅納自己、別人以及周圍的世界。

3.在情緒與思想表達上較為自然。

4.有較廣闊的視野，就事論事，較少考慮個人利益。

5.能享受自己的私人生活。

6.有獨立自主的性格。

7.對平凡事物不覺厭煩，對日常生活永保新鮮。

8.在生命中曾有過引起心靈震動的登峰經驗（peak experience）。

9.愛人類並認同自己為全人類之一員。

10.有至深的知交，有親密的家人。

11.具民主風範，尊重別人的意見。

12.有倫理觀念，能區別手段與目的。絕不為達到目的而不擇手段。

13.富有哲理氣質，有幽默感。

14.有創見，不墨守成規。

15.對世俗不輕易苟同。

16.對生活環境有時時改進的意願與能力。

跨越XYZ的馬斯洛

馬斯洛需求層次理論應用於組織激勵之研究。

1969年，馬斯洛因自己的心疾（導致他次年不治身亡），大幅度地削減了工作量，然而他仍為《*Journal of Transpersonal Psychology*》的創刊號提供了兩篇文章，可以由此看出其思想已經由人本進化到超個人了。他在第一篇中寫道：「……第三心理學逐漸讓位給第四（勢

力），『超人本心理學』著眼於超越性的經驗，及超越性的價值……特色便是再度神聖化與靈性化。價值中立的科學有意剔除神聖性，將一切東西中性化，力求實證性，它只取可用的部分，也就是感官可以捕捉的資料，超人本思想則爲我們帶來了嶄新的一面，當你打開了價值及高峰或超越性經驗的那一扇門，整個嶄新的可能性便出現在眼前，有待你去發掘……我們所面對的是人的新形象，這是關鍵所在，其餘一切會隨之開展。」

1960年前後，他開始感到這一層次架構不夠完整，人本心理學的最高理想——自我實現，並不能成爲人的終極目標。他愈來愈意識到，一昧強調自我實現的層次，會導向不健康的個人主義，甚至於自我中心。他曾說過：「缺乏超越及超個人的層面，我們會生病，我們需要『比我們更大的』東西……」人們需要超越自我實現，人們需要超越自我，因此馬斯洛在去世前一年，1969年發表了一篇重要的文章"Theory Z"，他在文中重新反省多年發展出來的需求理論，可歸納爲三個次理論，即「X理論」、「Y理論」及「Z理論」。

馬斯洛的層級需求理論在企業上的影響巨大，1960年麻省理工學院（MIT）教授麥格利哥（Douglas McGregor）發表了《企業的人性面》（*The Human Side of Enterprise*）一書，引用了許多馬斯洛的層級理論，擴展成Y理論的相關假設，麥氏也因而被稱作X與Y理論之父。X理論假設人本性好逸惡勞；而Y理論則認爲人主動追求自我實現；Z理論則是因人制宜的管理方式。

這兩位大師在1960年於麻州劍橋初次見面，展開了一場精彩的對話。經過了快半個世紀之後，他們當時發自於人類良知深處的呼喚，仍是如此的震撼人心。他們共同提出了六個問題，懇請每一位領導者攬鏡自問：

1.我確實相信人值得信賴嗎？

2.我確實相信人願意承擔責任嗎？

3.我確實相信人會努力追求工作的意義嗎？

4.我確實相信人天生就希望學習嗎？

5.我確實相信人雖拒絕「被改變」，但卻不拒絕改變嗎？

6.我確實相信人比較喜歡工作，而不願遊手好閒嗎？

其實，這六個問題的答案，反映出不同的領導人對於人性所秉持的哲學，並且決定了組織的文化。

消費者的需求與行銷者的訴求

行銷人員終其一生的職志就是掌握消費者需求、形成有效訴求。因此，瞭解動機的方法之一是將需求分級，馬斯洛認為，人類的所有行為係由需求所引起的，故將需求由低至高分為五個層次，而前提是滿足需求的過程呈現階級化，即低層級的需求被滿足後，高層級的需求才可能發生。是故，針對需求層級概念，就可以在行銷或廣告策略上形成有效且精準的訴求。

1.生需需求：人類基本需要吃飽、穿暖、喝足等，因此行銷策略只需「告知」消費者商品提供的基本功能，例如速食麵廣告訴求「大碗擱滿意！」。

2.安全需求：滿足生理需求後，消費者開始思考商品或服務是否帶來安全感，例如速食麵是否含防腐劑，對人體有無重大傷害等，行銷策略則重於「教育」消費者選購不含防腐劑、符合GNP標準的食品。

3.歸屬需求：安全無虞之後，消費者希望被關懷、被愛、被團體接受、與別人相同，行銷策略在於「提醒」消費者，廣告表現出同學朋友聚會「吃牛肉麵不必上街」，在家享受情誼；或是

「我們都是喝這個牛奶長大的！」等。

4.尊重需求：有了歸屬感消費者期待被自己及他人尊重，也希望藉由商品或服務來滿足此需求，因此行銷策略首重「創造需求」，例如廣告訴求「這一碗麵是特別作來給你吃的──統一大補帖細麵」；或是一般標榜「頂級、旗艦」等名牌訴求之商品。

5.自我實現需求：發展自我潛能，追求盡善完美的生活是每一個消費者的目標，故行銷者將策略放在「昇華」購買情境，例如台灣品牌統一米粉佳人廣告訴求為「空腹的感覺，知性的充實！」，即為年輕的女性現代消費者塑造自我實現的情境。

消費者的動機是滿足基本需求（needs），因此行銷工作重點不但提供一般性的商品或服務，滿足消費者主要購買動機；而消費者從一般商品或服務中衍生出其他需求（wants），或是行銷者為消費者創造

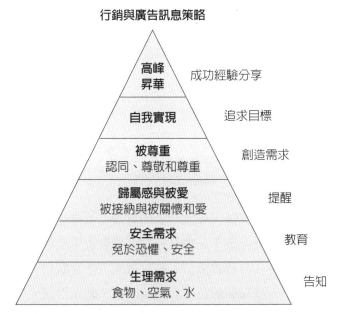

圖8-2　馬斯洛需求層級論與行銷策略之運用

的需求，則為選擇性購買動機之滿意。

　　一項研究報告指出，亞洲消費者的需求層級與西方社會消費者不盡相同。其最低的兩層級仍維持為馬斯洛的生理與安全需求，但第三層被修改為從屬（affiliation）需求，亞洲消費者喜歡被全體接受，因為會有購買相似產品的群體行為。第四層為崇拜（admiration）需求，藉由加入令人尊敬的團體，個人可以獲得滿足，因此可以針對目標顧客建立一些社群，並經營該社群的聲望，來維繫顧客。最高層級為地位（status）需求，亞洲消費者藉由購買名牌精品來滿足此需求，這可以由全球精品有22%的銷售來自亞洲，而另有20%的銷售額是由日本市場所達成看出。

 ## 第三節　自我實現的消費意識

　　現代人過於忙碌，常常急著想認識別人，卻忘了認識自己。更諷刺的是我們「認識」別人或自己是否是真的？以下幾個問題，不妨先試著自問自答。

　　1.用三個詞，描述自己。
　　2.最近六十天，做了哪三件事情覺得很棒？
　　3.最近六十天，有哪三件事情覺得失落？
　　4.三件喜歡的事／三件不喜歡的事。

　　這四個問題的背後，分別代表的意義是：描述自己的三個詞代表「自我概念」，覺得做了三件很棒的事是發現「自我價值」，而能感受失落則是體會「自我尊重」，可以述明三件喜歡和不喜歡的是代表「自我接受」。如果你靜思上面四個問題，就可以進入理解羅傑士的人本觀，「自我」四個層次的概念。

羅傑士的人本主義理論，宣揚「全人」的概念，提倡對體驗的開放，對世界、他人感覺及體驗，能有形而上精進的感知能力。存在性的生命，活在當下，而非活在過去或未來；體驗性的自由，認知到個人的自由，並對個人的行動負起責任；對世界的完全參與，包括對他人生活的貢獻。

自我論的卡爾・羅傑士

卡爾・羅傑士（1902～1987），人本主義心理學的主要代言人。作為一個人及一位心理專業學者，他隨時抱持著一種質疑的態度，對改變有深度的開放，才有勇氣進入未知的領域。

1902年1月8日，在美國伊利諾州誕生，父母從小教導子女重視倫理道德觀念，生活規律自制。而他回憶擁有的家庭，氣氛是親密溫暖的，但也受到嚴格宗教教條的約束。遊戲不被鼓勵，而宗教的道德則受到讚揚。

他的童年非常寂寞，因此他以尋求學問來彌補社交生活上的空虛。大學時代，原本就讀威斯康辛大學的農學院，兩年後轉攻神學，隨即因對人有興趣而走入兒童輔導，最後轉到臨床心理學。

在一個訪問中，他被問到，如果還能與父母交談，他最希望讓他們知道的貢獻是什麼？他回答道，他不能想像與其母親談論任何重要的貢獻，因為他確信她會有一些否定的批判。有趣的是，羅傑士理論中的一個重要主題就是，若要尋求改變，就有必要去聆聽與接納批判性的意見。

羅傑士創建並發展心理治療的人本運動，影響著心理學的相關領域而獲得全世界的肯定。在他生命的最後十五年裏，他將個人中心取向的觀念應用到政治上；而他最大的熱情乃在於減少人種之間的對立與緊張，並致力於世界和平。因此，在他去世前不久獲得諾貝爾和平獎提名。1987年他因跌倒而挫傷腰椎，手術很成功；但是在手術完的那一夜，卻發生心臟衰竭，幾天後他便與世長辭。

「現象場」中的自我

羅傑士提出現象主義（phenomenological），其定義是：每一個人所知覺到的，是不同的外在現象世界及內在現象世界。而個人特有的「現象場」（phenomenal field）便控制著此人的行為。他認為，所有人都生活在他們自己的主觀世界中，從某種意義而言，這一主觀世界僅有他們自己才能知道。

而人的行為決定，正是這種現象物質和世界之間的一致性，但是一致性的程度卻因人而異。既然存在於人們主觀世界中的現象是在引導人們活動，那麼對人格的研究，就應該朝這個方向努力，去瞭解人們心目中的現象世界。他區分了經驗和意識：現象場是人們所意識到的部分，它不同於一個人的經驗，只是個體經驗中的一部分。經驗是發生在我們人類環境中的，並在任何特定的時刻都可能意識到的東西。當這些潛在的經驗被符號表示時，它們就進入了意識之中，成為個體現象場的一部分。經驗的符號分可以通過話語來實現，也可以通過視或聽表像等來進行。對羅傑士來說，區分經驗和意識是十分重要的。這是因為，在某種情況下，人會拒絕或歪曲某些經驗，以阻止它們進入意識，或者以歪曲的形式進入意識。

想接觸現象學，必須先明白兩個問題：人類意識的本質是什麼？我們對世界有何認識？整個現象學的基礎便是奠定於「自省意識」的信念上，自省意識是存在於我們本身自有的實體中，是一個值得研究的現象，因為它讓我們脫離生理決定論。

康德哲學的唯心論，認為我們只能認識到顯現在我們意識上的事物，而意識是讓人類擺脫獸性半神話實體。我們認識的世界只限於我們的意識所能談論的東西，因為東西顯現在意識上——然後就沒其他的了。這就是康德哲學的唯心論，我們對世界的認識只是來自於我們

的意識所構成的「概念」。現象學就是「研究顯現在意識上的科學」

自我論（Self-Theory）

「自我」在一個人的現象場裏是非常重要的一部分。它有組織、創造和適應的功能，對於一個人的行為也具有莫大影響力；「自我」是一個人根據自己對自己的特徵知覺形成的；除此之外，也包含個人所看到的「我」與其他人或與生活各方面關係，自我有認知的一面，也有附著於知覺的價值面。

羅傑士的自我論分為兩個部分：一為自我概念，另一為自我實現。依他的觀點，人類具有求生、發展和增強自身的天賦需要。人的成熟和發展並非得自動實現，它需要付出很大的努力。這種付出努力的過程如同兒童初學走路，剛開始學步的小孩，一次次地跌倒，儘管很痛，但他還是堅持繼續邁出最艱難的幾步。這表明，儘管有許多障礙，但生命的延伸仍會頑強地延續下去。隨著一個人年齡的增長，自我開始發展起來。自我實現的重點從生理方面轉移到心理方面。當人的身體、形態和功能達到成人水準時，他的發展便集中到人格方面。自我一旦產生，自我實現的趨向便出現了。自我實現就是發展自己獨特的心理性格，發揮自己心理潛能和完善自己的過程。羅傑士認為，實現的趨向是存在於每個人生命中的驅動力量，它使個體更具差異性、更獨特、更有社會責任。

(一)自我概念

自我概念的發展從出生到成長等階段，受到父母和別人的評價所影響，而逐漸內化為自己行為的標準。這部分羅傑士的理論與佛洛伊德所談的意識有些雷同，佛洛伊德認為人面對決擇的焦慮時，通常自

會形成一些防衛機制來克服，尤其是事實和自我概念不符時，處理的方式即是否認自己的想法進入潛意識中（潛抑作用）。羅傑士的自我概念四階段也是不斷地修正、分析，以符合正確的行為模式。自我概念的過程經歷四個階段：

■第一階段：「主觀概念」

個人對自己的看法和分析，包括個人主觀的意識、態度、價值觀等，也會不斷地自問「我是個怎樣的人？」和「我到底能作什麼？」。

■第二階段：「客觀概念」

與個人有關的外在特徵組合，包括身高、體重、美醜、學歷、地位等，主觀並不等於客觀條件，例如別人客觀地認為能上大學表示具有相當的能力和成就，但自己卻主觀地自認為考上私立大學是失敗者，因此外在因素常無形地左右自己。

■第三階段：「理想我」（The Ideal Self）

理想我的概念是希望自己成為理想（完美）的人，可能每個人心目中都有一些欽羨的對象，因此期望自己能擁有這些綜合的優點。

■第四階段：「現實我」（The Actual Self）

最後衡量自己目前的狀況，量力而為。

(二)自我實現

有了對自我概念的瞭解後，開始主動的追求，積極的作為以成就自我實現的達成。

首先「理想我＝現實我」；「現實我＝經驗我」，如此的觀念連結是非常重要的。

即透過自我概念四階段對自我的認識，將自己的理想和現實的情

境加以衡量，並加入自身的經驗，統整以達平衡點，具體可行的方案乃呼之欲出。

然後發揮「自我導向」、「自我選擇」的潛力，破除先天、遺傳不及的迷思，開始接納、尊重、愛和友誼的需求，即展現「正向關懷的需求」。

女性調整型內衣崛起，帶動女性瘦身、護膚美容的風潮，相關品牌的商品如「媚登峰」，行銷人員不斷地無所不用其極大作廣告戰，呼籲女性消費者 "Trust me, you can make it！"、「最佳女主角換妳做做看！」，這些行銷策略皆以人本論中讓消費者尋求或創造「自我實現」為依歸。行銷者皆從三個方向著手：維持消費者已具有的自我（以免流失的自我）、重新為消費者創造一個全新的自我、啟發消費者潛在的自我（激發潛能）。

這些策略異曲同工之處在於階段性地使女性消費者認同，簡析如下：

■步驟一：自我概念的澄清

首先讓女性勇敢地表達自己的價值觀，例如曾有廣告語：「男人無法一手掌握的女人」。然後充分瞭解自己的客觀條件，例如本身的身材、體質是屬酪梨型、蘋果型等的自我檢查法。接著從幾組最佳女主角中投射自己理想我的願望，「我也可以像模特兒一樣！」最後加入現實考量，以此廣告語「減重三十天只要九千八」刺激購買。

■步驟二：自我實現的執行

自我概念的澄清是以不同的廣告表現方式、訴求，或廣告代言人提供消費者有形和無形的信心建立，而自我實現的步驟則是具體可行的方案，使其夢想成真「非夢事」（女性瘦身機構品牌）。

以消費者設定理想標準和實際可達成的目標作一比較，例如教育消費者在健康狀況下，個人體重換算應為何，時間目標達成情形等，

使其眞正「經驗」自我，營養師、運動顧問等專家的指導，循序漸進地完成「回復」、「青春秘方」。

　　另則，標榜以有效控制自我潛意識，完全不以節食等痛苦方法減肥的機構品牌「國際預防肥胖激勵會」，就是讓會員完全地自我實現。

羅傑士理論與人本廣告

　　人本主義的廣告就是以受衆（閱聽衆）爲根本和目的，一切爲受衆（閱聽衆）的廣告。人本觀廣告的核心與靈魂是一切爲人。如果說二十世紀的主流廣告是在大衛奧格威（David Ogilvy，奧美廣告公司創辦人）等人的「推拉（Push-&-Pull）主義」指導原則下──以物爲本，強調一切廣告都是爲了行銷商品，相反地，以人爲中心，關切人的生存狀態，滿足人的整體需要，關注人的個性發展，則是人本觀廣告的核心理念。人本觀廣告呈現四個方面的特質：(1)視廣告閱聽衆爲生活者，注重其生活方式的建構；(2)注重全方位溝通、對話和共鳴；(3)注重強化品牌，使生活者與品牌建立終身戀愛關係；(4)注重藝術品味，注重社會責任感，關注文化建構。

(一)視廣告閱聽衆爲生活者，注重其生活方式的建構

　　廣告閱聽衆不僅僅是購買商品的消費者，而應看作是「過著十分有意義生活，獨具個性的生活者（博報堂語）」。對於生活者，人本廣告的功能主要在於引導人建構文明、健康的符合眞善美的要求的生活方式。廣告不僅僅是一種宣傳或銷售商品，它是我們社會的一個組成部分，是一個影響我們生活方式，同時被我們的生活方式影響的社會力量。生活方式，是人的內在需要的實現和展開。人的需要，不

僅有低層次的生理需要、安全需要，還有高層次的歸屬和愛的需要、尊重的需要、自我實現的需要、對認識和理解的欲望、對美的需要；不僅有物質需要，而且有精神需要。這樣豐富需要的全面展開，就使生活方式不但包含衣食住行的消費行為方式，而且包括勞動創造、休息娛樂、社會交往、待人接物等物質生活和精神生活的價值觀、道德觀、審美觀，以及與這些觀念相適應的行為方式、生活習慣等各個方面。特別是隨著生活的豐富、生活空間的擴大、生活色彩的增多、生活節奏的加快、生活觀念的更新，人已不再為商品而活，更是追求人內在的自我滿足、能夠展現完整且生命豐富的生活方式。因此，人本廣告從人的整體需要出發，關切人的生存狀態，在滿足其物質需要的同時，更注重其精神生活的充實和精神需求的滿足。

(二)注重全方位溝通、對話、共鳴

傳統廣告在傳播方式上是說服的、催眠的或是強迫式的，對此，馬歇爾‧麥克盧漢（Marshall McLuhan）曾闡述：「廣告不是用來供人們有意識消費的。它們作為無意識的藥丸設計的，目的是造成催眠術的魔力，尤其是對社會學家的催眠術。」他同時注意到了這種功能的生成機制：「廣告只不過是一種意義雙重的哄騙，目的是分散吹毛求疵的感官注意力。」然而，人本廣告更注重與生活者的溝通、對話。所謂溝通，意味著尊重閱聽眾的生活，真誠、平等、互惠地與生活者分享、交流資訊。溝通實現的境界讓雙方達到共鳴。

(三)注重強化品牌，使生活者與品牌建立終身戀愛關係

人本廣告並不否定廣告的市場工具性，超越的是傳統廣告「銷售第一或唯一」的缺點，強調以閱聽眾為目的；銷售不是目的，而是手段，商品、品牌、廣告是為人服務。在後工業社會裏，人們的價值

觀與生活形態發生了改變，消費也進入所謂「感動消費」的時代，亦即「品牌與顧客互動」的時代，人更加注重品牌所能帶給他們的滿足感與喜悅感。被稱為「美國自由主義的精神圖騰」的哈雷機車的大噪音、寬大粗野的車身與造型，反而成為美國人「自由、自然、自我」的象徵。因此，人本廣告並不是簡單地利用KISS（keep it simple & simple）公式或三B（baby, beauty & beast）要素觸動情感，而是在全面溝通的基礎上，賦予品牌特定的內涵和象徵意義，人本廣告促進生活者與品牌建立終身戀愛關係，就需要廣告貼近人性，以合乎人性和人的求真、向善、趨美的價值追求為內在尺度創作廣告。

(四)注重藝術品味，注重社會責任感，關注文化建構

廣告應該給予閱聽眾積極正面的印象。公益形象策略對酒品牌Johnnie Walker來說，贊助這些逐夢者，透過和公益活動連結，除了擺脫菸酒廣告刊播限制，能在一般時段曝光，也因為抓緊了「夢想」這個高層次的精神，來操作品牌，以正向積極、克服困難的態度，讓品牌形象多了形而上的價值。為符合他的品牌標語Keep Walking，用夢想做行銷打造品牌的逐夢者神。Johnnie Walker調查，如果將台灣人的逐夢性格，分成有夢最美型、勇往直前型、逐夢踏實型，有六成一的台灣民眾，屬於不作夢、不計畫、做了再說的「勇往直前」行動派，代表台灣人缺乏建築遠大的夢想，更少人可以堅持夢想，逐夢踏實。而一向抓緊勇敢逐夢精神的酒類品牌Johnnie Walker為了鼓勵台灣人築夢，連續五年舉辦「Keep Walking夢想資助計畫」，希望提供更多資源，讓台灣人勇於作夢，也更強化品牌在消費者心中的夢想價值。這些就是透過廣告傳遞品牌的文化內涵和社會責任的意義。

人本廣告的崛起與其說是理論的宣導，還不如說是對一種廣告發展趨勢的描述，對一種廣告與現實生活的揭示。我們可從1991年臺

灣聯廣公司為黑松汽水公司推出系列廣告「化去心中的那條線」引起閱聽眾的強烈迴響，也獲得廣告界高度評價。「化去心中的那條線」系列電視廣告片由四則系列稿所組成——「同桌的小男生、小女生在課桌上畫了一條分界線，以示『互不侵犯』」；「一位高大威猛的男子在酒吧尋找帽子，卻被一對小情人誤認為是色狼，使他們緊張得臉變顏色」；第三則是「一位女士艱難地推著行李車，卻誤認前來幫忙的男士有不良意圖」；「一位開著跑車的女青年被一位開吉普車的男士緊緊追逐，她驚恐之情溢於臉龐，出乎意料的是人家原來是想告訴她，她的長裙被夾在車門外了」。搭配的廣告歌曲也意義深遠，爵士曲調的歌詞具有情感衝擊力，「不要用線綁住你自己；留一點溫柔的空隙；不要把手握得太緊；感覺就能互相傳遞；讓所有的念頭靜一靜；用你的心，去聽別人的心。」然後帶出Slogan「化去心中那條線，黑松汽水」。廣告以一系列小故事，與受眾的情感記憶連結，喚起並激發人們內心深處的回憶，撫慰人的心靈，並且化解心結，巧妙地賦予黑松品牌特定的內涵和象徵意義——渴望人際溝通的乾淨透明，希望人與人的關係趨向和諧。在和諧的人際關係中，尋求個人自由與當下體驗。

　　由羅傑士的「自我概念」和「自我實現」兩步驟，行銷過程中消費者不斷自我體驗與實踐，誠如後現代消費主義的觀點——消費烏托邦的境界，一種資本主義的生產者和產品的消費者，兩者之間一種美好的參與關係，達成完美的消費情境或實際行為。

關於「自我」的補充

羅傑士和佛洛伊德的「自我」

人本主義的羅傑士所談的自我（self），強調追求人的真價值過程包括自我察覺（self-awareness）、自我接受（self-acceptance）、自我行動（self-action），最後才能自我實現（self-actualization）。這過程是從自己內省出發，強調自己內在歷程的覺醒而後實現。所以，試想，是否當我們可以愛自己，才有能力愛別人，然後才有可能真正愛地球。這樣，才有可能持續我們與人和環境共好的心，以及行動。

精神分析的佛洛伊德所談的自我，在人格結構的組成中，包括本我（id）、自我（ego）和超我（superego）。每個人都會先滿足自己的慾望，追求趨樂避苦，隨環境變化，讓自己符合現實原則而生存，進而追求昇華的人生價值與意義。因此，這樣的自我似乎比較是環境互動的我，現實世界體悟的我。

樹德科技大學公益廣告——願你快樂成長

資料來源：第二十七屆時報金犢獎

CHAPTER 9

人本主義學派的消費烏托邦

人本學派學者：＃尼可‧佛里達　＃華特‧米歇爾

重點提示：＃消費烏托邦　＃嘉年華理論　＃寂寞消費　＃情緒
　　　　　＃幸福不對稱理論　＃正向心理學　＃延遲滿足理論

我們透過消費尋求烏托邦理想國的實現，
我們也矛盾游於狂歡式的嘉年華或獨享的寂寞消費。
這些情緒的背後，是正負向行動傾向的幸福不對稱？
還是我們極力朝向正向心理學？無法延遲滿足的寫照？

人本主義學派背後充滿著文化與哲學的趨勢。我們可以從流行文學和媒體中看見，包括現代標榜的個人主義，世俗的人本主義已成為生活的主流態度（人的信念只有樂觀和悲觀），後現代主義強調宇宙觀眞理等都是過時產物，人類潛能運動鼓勵人內心存在一股力量，可以釋放自我超凡的潛能，以及新紀元（new age）運動興起產生的消費烏托邦。

 # 第一節　消費烏托邦

「烏托邦」一詞最早出現在湯瑪士・摩爾（Thomas More）1516年所著的書中，描述一個「不存在的美好地方」，是人們心目中渴望的理想社會，充滿著希望、幸福和愉悅。烏托邦的本質在於一股自由解放的力量，打破人類既有的限制，期待一個更美好的將來。由此，烏托邦突顯了我們現實生活中所缺乏的元素，透過現今聰明的行銷人員觀察與詮釋進入消費者內心尚未滿足的需求，例如可愛的卡通行銷，來達成人們心目中的烏托邦。

烏托邦的四大重要意涵：脫離現實的美好憧憬、挑戰現況的創新型態、主動積極的生活實踐、共享價值的集體意識。卡克（Crook, 2000）認為烏托邦的理想世界並非孤立於現實社會，而是可以融入在日常生活之中，同時體現「不存在的地方」（nowhere）和「無所不在」（everywhere），使得烏托邦的觀點不再是消極、逃避現實的，反而是積極、批判且具有改善現況的力量。因而有「消費烏托邦」的出現，形容一種狀態，個人在其中享受消費的愉悅，而且達成穩定的供需平衡。現代社會的發展，如同大眾文化、大眾社會、市場行銷策略、現代傳播科技等等，都是消費烏托邦的展現。台灣統一企業多次運用Hello Kitty在便利商店促銷活動上，不斷地獲得消費者的青睞，就

是一個「消費烏托邦」的理想典範。

　　學者John Fiske（1989）強調，消費是意義的生產，人們透過消費得到意義和愉悅，甚至被賦予權力和成就感。Fiske（1993）更引用嘉年華理論，認為嘉年華具有解放功能，允許一種創造性、玩世不恭的自由，是以身體的愉悅對抗道德、紀律與社會控制，其內涵彰顯消費烏托邦意義的底蘊。

嘉年華（狂歡節）理論

　　嘉年華理論又稱狂歡節理論，是由俄國哲學家及文學理論家巴克丁（Bakhtin）1984年在《拉伯雷研究》（*Rabelais and His World*）中所提出。嘉年華以及緊接而來的大齋期（lent），原本是歐洲民眾劃分歷年的儀式週期（ceremonial cycles）中最重要的節慶，一般民眾會在嘉年華期間「暫時擱置常態的行為守則，儀式性地顛倒社會常規，或是在遊戲中恣意放縱以求驚世駭俗」。

　　嘉年華的期間約在十二月底至一月初，常見的活動內容包括扮裝表演、模仿戲劇等，表演的是一套「顛倒了的世界」（le monde reverse），其中從空間關係、人獸關係到人際關係如年齡、地位、性別等無一不可顛倒，農民深信「所有倒下的，都會再長出來」，在某個得到允許的片刻，人民可以脫離勞動而享受休假，盡情地吃喝玩樂，並不只是單純的恣意放縱，而是進入一種集體深層的儀式洗禮。而化妝遊行，男扮女、女扮男，身分高的人打扮成卑下的人、階級低的人裝扮成上流社會人士，抑或是人偽裝成動物或打扮成各種荒誕的形象，並且在此過程中嘲諷教會與國家的權威。因此，嘉年華翻轉了世界，可以視為是底層民眾顛覆性的輕蔑動作，他們在這個時刻也縱情於身體的快感。巴克丁認為這種社會模式被十六世紀法國作家拉伯雷（Francois Rabelais）拿來作為文學諷刺的形式，因其採用了他認為

是關鍵特色的那些「脫冕活動」（decrowning activity），例如乖僻、大笑、虐仿和重複，其筆下呈現出狂歡節的廣場語言、民間節日形式、筵席形象、怪誕人體等各種形式。

巴克丁也指出中世紀的人民在某方面是過著兩種生活：一種是官方的、單調、嚴肅而陰鬱，謹守嚴格的層級秩序充滿了恐懼、教條、虔敬及順從；另一種則屬於嘉年華會廣場的生活，自由自在，沒有拘束，充滿了含混的笑鬧，褻瀆神聖，冒犯所有神聖的事務，充斥著輕蔑與不得體的行為，放肆地和每個人、每件事接觸。因此，嘉年華所表現的是人，一旦進入一個場域，會因為場域的特殊性而產生了心情上、感官上的轉換，所投入的是在一種自我縱慾的氛圍中達到解放。於是，狂歡節溢出於生活常規，走進「遊戲」的國度，而由另外一種「遊戲」規則所主宰。在此提出了一個概念，狂歡節的詼諧因素「完全是另一種，強調非官方、非教會、非國家的看待世界、人與人關係的觀點，它們似乎在整個官方世界的彼岸建立了第二個世界（a second world）和第二種生活（a second life）」。

狂歡的節慶性使民眾暫時進入全民共享、自由、平等和富足的烏托邦王國。現代消費者狂歡樣態的呈現——「波浪舞」是棒球場上中最具代表性的奇觀，在球迷加油氣氛的置高點，由球團工作人員或球迷組織的領袖人物繞場揮舞大旗子，現場觀眾在旗子經過時站起後隨即坐下，經由輪番的站姿、坐姿交錯，而達到攝人聲勢的波浪效果。此創作多從個人或者是某一小群人身上展演的，所製造的喜劇效果與儀式化的景觀與前述之概念有異曲同工之妙。而近年在網路上流行的KUSO文化，也正是狂歡節理論所強調的「以詼諧對抗嚴肅」，也就是在虛擬空間的集體行動，一種尋求突破和顛覆的群體力量。

當代社會是表演的社會（performative society），許多活動都包含了表演的性質，以及閱聽人不斷地公開展示與自戀，藉由媒體作為日常生活中的資源，相互影響、增強而形塑了擴散閱聽人。

CA6-2614-72865-01

CA6-2614-72865-02

CA6-2614-72865-03

I Do品牌形象廣告設計——警告

資料來源：第二十七屆時報金犢獎

第二節　寂寞與情緒消費

　　眾聲喧嘩的狂歡相較於另一種獨享自娛的愉悅，其共同價值在於追求自我概念、認同、價值與自我實現。此即為嘉年華後的寂寞經濟。

　　逐年攀高的離婚率、分偶型家庭（夫妻雙方因工作等因素經常分居於不同地點）、晚婚或不婚族等呈現「單身家戶（一人一戶）」的社會趨勢與現象，我們可由超商超市貨架上的「單人餐食」、單人套房、寵物市場等漸漸興起的「單人經濟學」或是「療癒或寂寞消費」窺知。

　　在都市生活的單身者總是被認為是「寂寞」的。單身的成年人，就像電影「BJ的單身日記」中所描繪的，他們忙碌且活動頻繁，但在他們的內心，仍然渴望群居，仍然缺少人際關係上的情感慰藉，並且承受著壓力與寂寞。根據馬斯洛的需求層級理論，人們有希望被關懷、被愛、被團體接受的社會歸屬需求，然而生活在現代的都市人，很多人是一個人住、一個人工作、一個人旅行、一個人吃飯睡覺，當這樣的社會需求未被滿足時，電影「一個人的旅行」女主角茱莉亞羅勃茲即便是有伴侶，也產生寂寞感。因此當人們無法忍受湧上心頭的寂寞感時，就會去找尋或購買能夠慰藉他們情感的商品。對於行銷者而言，這是一個商機無限的市場，此型態之消費者日趨增多，消費力值得研究。

寂寞的背後

　　歸納學者對於寂寞的定義，他們歸納出對於寂寞的定義主要有下

面三種構念：(1)寂寞源自於個體對社交關係的不足感；(2)寂寞是主觀的經驗；(3)寂寞經驗是令人不愉悅和挫折的。

　　學者吳靜吉指出，人生下來時是一個人的孤獨狀態，離世時也是孤獨一個人；但矛盾的是，人生過程中必須也渴望和人相處。只是現代的工作、家庭和社會發展趨勢，讓愈來愈多人過著一個人的寂寞生活。他發現心理學家在研究寂寞時，通常是以情緒性的寂寞為主、社會性的寂寞為輔。而他對這兩種寂寞類型的說明如下：

> 情緒性的寂寞是一種主觀、獨特的心理現象。一方面缺乏快樂、情愛等良性的情緒，另一方面卻出現害怕、迷惘等等的負面情緒。
> 社會性的寂寞是人生來俱有歸屬感的需求，人如果無法滿足這種歸屬感，或已有的社會關係被剝奪時，就會有⋯⋯包括了缺乏親密的關係，以及空虛迷惘和被拋棄的感受。

　　有學者研究寂寞消費者，提到了關於「寂寞」，可能是情境變項（situational variable）或是狀態變項（state variable），前者指的是產生寂寞的情境（situation of aloneness），後者指的是寂寞的感覺（feelings of loneliness），對於這兩者的關係，許多學者抱持不確定性。但確定的是，有兩種觸發寂寞經驗的原因或線索：

1. 個人社會關係上的改變，即人所處環境的變動或轉換，而促使寂寞感的產生，轉變主要可能是來自於工作或求學環境的轉變，容易帶給個體寂寞的感受，另一方面也可能是來自於一份親密關係的結束所帶來的寂寞感。
2. 許多的個人因素，可能會使個體更容易感受到寂寞。指人本身或情境的某些特質，使其容易產生寂寞感。

　　有一份研究報告以美國境內五十個來自不同州的成人，得出四種針對寂寞的反應，其中即包括了「花錢」（go shopping）；「消極地

難過」（sad passivity），泛指用哭、吃東西或看電視等，達到情緒發洩或麻木的目的；「積極地與寂寞共處」（active solitude），泛指進行一些活動，轉移寂寞的感受；「尋求社會接觸」（social contact），指增加社交的接觸以減低寂寞感。根據東方線上市場研究顧問公司曾在2007年所做的調查顯示，男女生在面對寂寞時，所產生的態度與行為有很大的不同，女生較容易在無聊時，想出門買點東西，而男生則較容易因為寂寞，刻意找朋友一起吃喝玩樂。這可能來自於男女性別框架的不同所產生的不同回應策略。男性在現實角色框架與壓力下，對於寂寞，他們傾向呼朋引伴一起吃喝玩樂，以玩樂暫時麻醉或宣洩，這樣的寂寞回應方式可以歸類為「尋求社會接觸」；另一方面，女性在寂寞時，相對於男性來說，比較不會刻意找朋友一起吃喝玩樂，對她們來說，購物比較可以帶給她們自我定義的追尋與空虛的解脫，此即為「花錢」的寂寞因應。再者，單身者排遣寂寞的方式，選擇看電視、網路、閱讀等，這些都屬於一個人即可從事的活動，他們會進行這樣的休閒活動來轉移寂寞的感受，也就是「積極地與寂寞共處」。

有學者就認為在零售產業中由於大環境的改變以及最近網際網路帶給消費者前所未有的便利性，因此在這新時代中娛樂成為一個關鍵競爭工具，提出六項愉悅性購買動機：冒險的購物、社交的購物、滿足的購物、理念的購物、角色的購物以及價值購物。

其中，滿足的購物（gratification shopping）是指，消費者透過購物緩和壓力或是忘記他們的難題。因此購物體驗是一種放鬆一下、舒緩，並且改善負面心情，或是消費者自我治療。特別當寂寞已經成為台灣人正常的生活型態，也是每個人不得不面對的問題，能夠為人排解寂寞、帶來幸福感的寂寞產業，剛好可以補填社會的缺口。寂寞或無聊產業不全然是負面價值，可以讓人感到幸福，或維繫寂寞者和社會的關係，它扮演消除社會負面情緒的力量。

　　時下寂寞療癒商品定義，所有可以讓消費者從現實挫敗感暫時脫離、舒緩情緒、撫慰心靈，或是做為情感依附的商品，具有下列特質：消費型式來自於「滿足型購物」（gratification shopping），能夠使個體產生「慰藉」（relief）的正面情緒；消費者在購買產品或服務的過程中，獲得的心理補償大於實質功能；能夠維繫寂寞者和社會的關係。所以包含幾種型態：心靈療癒、音樂療癒、娛樂療癒、媒體療癒和商品療癒。

寂寞消費

　　消費無時無刻不存在於我們生活之中，因此，消費與體驗是交互進行中，與過去不同的是，商品、服務對消費者而言都是外在的，但是體驗是內在的，存在個人心中，是個人在形體、情緒、知識上參與的所得。沒有人的體驗會完全一樣，因為體驗是來自個人心境與事件的互動。

　　消費者體驗的觀念，多年前行銷和消費者研究人員便已意識到愉悅消費（hedonic consumption）和消費者體驗的重要性。有學者認為消費具有情感體驗的面向，也就是消費體驗會產生符號的、愉悅的以及美學的本質，由這樣的消費體驗所引導，消費者會去追尋幻想（fantasies）、感覺（feelings）以及樂趣（fun），稱為「3 Fs」。

　　學者何柏魯克和何須曼（Holbrook & Hirschman, 1982）提出享樂消費（hedonic consumption）的概念來解釋消費體驗，享樂消費指消費者體驗產品所產生的多感官意象（multisensory）、幻想（fantasy）以及情緒的激起（emotive）的三個享樂反應。多重感官如同前面章節提及之五感，指的是味覺、聽覺、嗅覺、觸覺和視覺意向的多感官體驗接收，情緒的激起包括喜悅、嫉妒、恐懼、憤怒與狂喜等的感覺，這些情緒的反應會引起人們心理上與生理上的變化。繼兩位學者

於1982年提出了愉悅性消費以及消費者體驗兩個面向的概念之後，陸陸續續就有相當多的學者開始延伸這些概念。消費體驗的文獻逐漸成為顯學，而提出這樣概念的學者何柏魯克也於2007年的文章當中，重新擴大了三個F的討論，成為四個E的概念（four Es）——體驗（experience）、娛樂（entertainment）、表現欲（exhibitionism）及傳遞快樂（evangelizing）。

表9-1　何柏魯克消費體驗的4E

體驗 （experience）	娛樂 （entertainment）	表現欲 （exhibitionism）	傳遞快樂 （evangelizing）
escapism （逃離現實）	esthetics （美學）	enthuse （熱忱）	educate （教育）
emotions （情緒）	excitement （興奮）	express （表達）	evince （證明）
enjoyment （享樂）	ecstasy （出神入化）	expose （暴露）	endorse （背書）

資料來源：Holbrook, Morris B. (2000).

此概念共同陳述了情緒的意涵，因此若將情緒延伸至產品消費經驗之上，可以發現產品的消費或購買，往往涉及了各式各樣的情緒反應在當中。單身或是寂寞者透過療癒的消費體驗，所產生的情緒反應，是否著重在正面的情感與情緒反應上值得深思。是否吻合現今單身消費現象——更愛自己、品味優越性、重質不重量、混搭（mix and match）的生活品質、健康意識，也是值得玩味的議題。

幸福不對稱理論的尼可·佛里達（Nico Henri Frijda）

　　佛里達是荷蘭著名的心理學家之一，1972年出生於阿姆斯特丹，以「關於情緒表達的認識」之學術論文於阿姆斯特丹大學獲得博士學位，是專門研究情緒的心理學者。

　　他求學於阿姆斯特丹大學，他起先研究臨床心理學，後來漸漸開始研究社會心理學發展，由於對「海外移民的特徵與跨文化的方法」及「認知過程和電腦類比」產生濃厚興趣並著手展開相關研究，他擅長於情緒理論的研究，一方面結合資訊處理結構方面的情感，探討資訊在處理過程中，所用之媒介是否擁有屬於它自己的情感，好比會開始思考「電腦是否有其感情的存在呢？」，另一方面則著重於現象學和臨床觀點的發展，即與情感表達的意義有關。

(一)情緒產生四元素

　　佛里達主要致力於情緒理論的發展，他認為情緒不光只是事件評價其中的一個反應，應該是概括了一種「行動傾向」，情緒的核心就是準備以某種方式採取行動，包括四個元素：影響、評價、準備反應及自律神經喚起。

　　影響（affect）是一個引起正負向情緒的經驗；評價（appraisal）是對此經驗做一個好或壞的評價；準備反應（readiness）則是對該事件或環境形成個準備回應的狀態；自律神經喚起（autonomic arousal）狀態，則為認知或行動的改變。

(二)情緒區分三維度

　　佛里達於西元1993年提出以強度（intensity）、持續性（duration）以及擴散性（diffuseness）三項維度來區分情緒（emotion）和心情

（mood），並認為心情和情緒具有下列三項主要差異：心情的持續時間較長，情緒的持續時間則較短（持續性）；心情通常不如情緒強烈，是屬於一種較平淡的狀態（強度）；心情是一種擴散的、全面的狀態，並且缺乏特定的物件（擴散）。

(三)十種情緒定律：人類很容易適應快樂，卻永遠不能習慣悲傷

佛里達認為，就算具有引起愉快感覺的環境一直存在從未消失，但人們的感覺卻很容易消散。然而，消極的情緒卻會伴隨著環境而持續存在著。也就是說，如果從前曾讓我們沉迷並帶來快樂的事情不斷重複，就會變得乏味，但消極的情緒卻不會如此，在科學的解讀方式則是認為，當人們感到不幸、遇到困難的時候，或是面對新鮮、刺激及從未挑戰過的目標時，人們心智才會急速成長進步，這些困難使得他們不想重蹈覆轍地活在悲傷痛苦中，故想解脫。

因此，他歸納情緒十大定律，而大多數情況下，某一定律和其他定律一起發生作用。

1. 情勢影響定律：情緒會受當事人所面臨的情勢影響。一般而言，相同的情勢會觸發相同的情緒反應。例如得之則喜，失之則悲。

2. 關注定律：情緒源於具體的目標、動機或者關注。無論任何事物，也不管是自己還是別人，我們得關注才能感受到變化。如果不關注，我們會全無感受。

3. 真實定律：激發我們真實的情緒反應。換言之，我們對情勢的判斷和解釋會影響我們的感覺。這個也是為什麼不好的電影、戲劇或者書不能激發我們的情緒，原因在於它們缺乏真實感。換句話說，如果一個事情不夠顯著，就難以影響我們的情緒。

4. 變化定律、慣性定律和比較定律：慣性定律即是習慣問題，我們的情緒會立即對變化做出習慣性回應。也就是說我們會以「我

們」可以適應的環境為參照來審視發生的變化。故由此可知，我
們熟知事物的變化可以更加觸發我們的情緒反應。

5. 快樂不對稱定律（幸福不對稱論）：我們可能永遠也無法適應有
   些糟糕的情形。一方面是由於負面情緒總是揮之不去，另一方面
   則是正面情緒總會慢慢消失。

6. 情緒慣性定律：時間並不能撫平所有傷痛，就算可以也不是立即
   性、直接性可以看見的。曾經發生過的事情會在很長一段時間對
   我們的情緒產生影響，除非我們重新體驗或重新審視它們。在重
   新體驗和重新定義之下，才能有效減少曾經發生過的事件對情緒
   的影響。例如求愛被拒很傷心，但再找到一個新的對象追求就不
   傷心了。

7. 閉合定律：我們的情緒反應總是傾向於絕對。而這種傾向總是導
   致我們不經思索就採取某種特定行為。換言之，在情緒籠罩之
   下，我們採用某種反應方式，一直到我們被另外一種情緒取代才
   會有所調整改變。

8. 關注後果定律：人們會很自然地顧慮情緒導致的後果，並隨之調
   整自己的情緒。例如正常情況下，憤怒時，可能激起對「他人」
   的過度偏激行為，會選擇咆哮宣洩、以頭撞牆或者忍氣吞聲。

9. 最小苦惱定律和最大受益定律：對事情和局勢的不同見解下而觸
   發各種不同的情緒。最小苦惱定律是人們傾向透過對事情的重新
   解釋來減少負面情緒。而最大受益定律則是透過對事情的重新詮
   釋，來增加好的情緒及想法。

10. 探索情緒：或許我們不一定認同以上九個情緒定律，事實上這也
    只是眾多情緒中和個體有關的幾個例子，並沒有將社會因素對情
    緒的影響列入考量。但是不可否認的是，這些定律確實為思考和
    探索情緒提供了良好的基礎。

CA7-1340-12842-01

CA7-1340-12842-02

CA7-1340-12842-03

掌握APP品牌形象廣告設計——在閱讀中，找到我的小世界

資料來源：第二十七屆時報金犢獎

第三節　正向心理學

　　正向心理學是近來趨於興盛的心理學門之一，尤其大力鼓吹成功、追求卓越等的現代化社會。正向心理學家希望可以「發現天才與培養天賦能力」和「讓平凡生活更加充實與優越」等。此觀點起源於亞伯拉罕・馬斯洛在1954年的書《動機與人格》，期盼可以顛覆過去心理學研究偏向精神疾病，轉換焦點於正常生活與人才養成。同時關注於人本主義精神要義，追求快樂與自我滿足，也呼應現代個人化主義色彩的社會生活型態。

　　正向心理學三個研究取向，包括研究「快樂生活」與「享受生命」，檢視人類最佳體驗，預測並體會正常和健康的生活中正向的情感和情緒（如關係，愛好，興趣，娛樂等）。另外，研究「美好生活」和「生命參與」，此為沉浸式體驗，人在工作或和能力發揮或充分結合時的深刻體會。最後一項研究是「有意義的人生」或「生命歸屬」。後來衍伸的正念、靈性以及自我效能等概念，皆有相關。現今壓力環境，許多線上線下心理或靈命、宗教課程等，訴求正向尋找，降低焦慮緊張和疼痛等文明病，而真正趨使我們「正向」、無法接受「負向」的因素為何？從小到大，我們所接受的媒體訊息、教育和環境的影響，無不催促我們快速往前，標竿前進，立竿見影的成功神話等，這些是否強化我們內在不滿足、抑或是無法延遲滿足？

延遲滿足的華特・米歇爾（Walter Mischel）

1930年出生於奧地利維也納，美國人格與社會心理學家，主要研究人格的結構、過程和發展，自我控制以及人格差異等領域。2018年過世，其貢獻被名列為二十世紀最傑出的心理學家的第二十五位。

他最有名的棉花糖實驗，主要是針對延遲滿足和自我控制兩項主題研究。相關內容簡述如**表9-2**。

表9-2　米歇爾的棉花糖實驗

研究對象	學齡前兒童（史丹佛大學附屬幼兒園）。
研究內容	預測出參與實驗的兒童日後生活幸福與成功的相關性。
研究結果	發現小孩的延遲時間與未來的學業成功有很大的相關性。
進行步驟	1.將幼稚園的孩子單獨留在房間內，給他一塊棉花糖。 2.告訴他：我會離開十五分鐘，如果這段期間你沒有把棉花糖吃掉，那我就再給你一塊。 3.影片中看到有三種孩子，一種是乖乖等待、一種是等了幾分鐘並嘗試用舔的或是撕下一點點來吃，而另一種就是講完當下直接吃掉。

正向心理學後的省思

(一)什麼是天才？

天才是透過支持以及自我實現的方式，以及相信他們的人，來展現其才能。

人類大腦中同時存在所謂「熱」的情感系統與「冷」的認知系統。熱系統與本能反應如性慾、食慾、恐懼有關，大腦邊緣系統內部

的「杏仁核」組織能讓人在各種狀況下迅速採取行動,但不顧長期後果,正是讓我們吃掉棉花糖的原因;位於大腦前額葉皮層的冷系統與理性思考有關,能讓人採取有策略的思考,不過發育較晚,大概要到二十歲以後才能完全成熟。

長期以來,心理學家一直認為智商才是影響成功的決定因素,這個實驗顛覆這項假設,結果證實,就算是最聰明的孩子,沒有自制能力,後天情緒也會摧毀先天智商。

(二)延遲滿足(Deferred or Delayed Gratification)

就像《伊索寓言》蟋蟀與螞蟻的故事,螞蟻囤了很多食物準備過冬,結果還是分享給整天玩樂的蟋蟀。從醫學角度來看,人類情緒受到腦中多巴胺控制,一旦多巴胺分泌失調,情緒就會起伏不受控制。然而,多巴胺分泌是可以訓練的。大腦有學習功能,透過後天教育,大腦也會記得如何控制情緒;人類與動物最大的不同,就是人類掌管理性的前額葉比較發達。

(三)延遲滿足與活在當下的人本

人本精神談的自發性,認為每個人透過一段不受外在教條束縛的自我發現歷程,發展出一套信念。藉著宣告個人的神聖來滿足自我,且帶來一種悅人的「屬靈感」(不需遵守教義或道德生活),純為個人經驗的追尋,為自身的動機而展開一段取捨的歷程(選擇)。

同時,人本精神側重機械論宇宙觀,談自然主義(naturalism)和自然法則(universal laws),也認為勤勞便能累積財富,努力必有收穫,萬物自行運行,所以設定崇高目標,匯集內外在力量,助你達成目標(why)。而人本追求的自我實現,如馬斯洛需求層級論觀點,可以透過潛能開發、多元智能,以喚醒心中的巨人,尋求個人內心而

非外在。

　　此概念之活在當下的立即滿足和只要我喜歡，有什麼不可以等，恰與米歇爾的延遲滿足理論有所差異，但試想，我們都是如此嗎？努力，忍耐⋯⋯只爲了成功的一天。

表9-3　人本與神學精神

人本精神	神學精神
正向心理學	延遲滿足
人類的自發性	由教義組成
機械論的宇宙觀	《聖經》故事的世界觀
自我實現（自我敘事，self-narrative）	使一切生命變得有意義（神的敘事，God narrative）
活在當下	活在盼望

(四)反思：「企業有做公益」就是「盡到企業社會責任」？

　　人不斷激發潛能與天賦爲追求卓越，企業也在獲利之餘盡力公益，期許善盡企業社會責任（corporate social responsibility, CSR），不禁迷思於企業有作公益，就是進到企業社會責任？

　　企業社會責任源自於二十世紀工業發展極盛後所引發的人文省思，主要概念起自己開發先進國家。根據世界企業永續發展協會（World Business Council for Sustainability and Development, WBCSD）定義，企業承諾持續遵守道德規範，爲經濟發展做出貢獻，並且改善員工及其家庭、當地整體社區、社會的生活品質。

　　具社會責任的企業應將一部分資源回饋給社會，而不是將所有的資源全數回歸於股東。

　　企業社會責任的範圍包括公司治理、企業承諾、社會參與和環境保護。企業社會責任（簡稱CSR）指稱企業在創造利潤、對股東承擔

法律責任的同時，還要承擔對員工、消費者、社區和環境的責任。企業的社會責任要求企業必須超越把利潤作為唯一目標的傳統理念，強調要在生產過程中對人的價值的關注，強調對消費者、對環境、對社會的貢獻。

企業社會責任的想法應從長遠宏觀治理角度，達成善因行銷（cause-related marketing, CRM）之目的，才不致流於正向口號，而非企業品牌延遲滿足的長治久安。

公益行銷又稱為善因行銷，自1981年美國運通公司（American Express Company）執行長Jerry Welsh提出開始運用，並於1983年正式申請專利註冊，其後盛行於歐美各國，更拓展至全世界。1985年後開始正式學術研究。

善因行銷的定義包括：

1. Varadarajan（1986）認為一種水平式的合作促銷（horizontal cooperative sales promotion），將企業品牌和非營利組織結合以進行促銷活動。企業將產品或服務與特定慈善機構結合，當消費者購買產品或使用服務時，企業便捐出部分收入給該慈善機構。

2. Varadarajan和Menon（1988）重新定義：善因行銷是一種規劃以及執行行銷活動的過程，顧客消費以及企業承諾捐款給特定慈善機構，各自是為了滿足個人目標與組織目標。個人目標是消費者與中間零售商的目標，而組織目標則是企業與非營利組織的目標。企業與非營利組織之間的合作，企業可以藉此改善與提昇形象，並且增加銷售量；而非營利組織則可以得到需要的資源，並且提昇組織的知名度。

3. 有別於一般慈善行為，Kelly視善因行銷為一種「企業的策略性公益贊助」（corporate strategic philanthropy），也就是實際上為

企業為增加銷售而採取的手法；而若從非營利組織的角度，則也可視為一種新型募款方式，更可藉此提高知名度。

最後，人本心理學之父馬斯洛倡議之自我概念、自我實現等需求層級理論，影響正向心理學的發展。無論是樂活消費後的我思故我在，或是追求烏托邦消費的寂寞或情緒傾向，人與企業都應該省思人本精神是短時的當下還是長期的延遲滿足？慎思善因行銷的真諦，才是人與企業善盡社會責任的正能量。

統一AB優酪乳——健康路怎麼走系列之
忠孝東路篇／地鐵篇／公園篇／車廂內篇

資料來源：第二十五屆時報廣告金像獎平面得獎作品集

CHAPTER 10

廣告心理學地圖

科技始終來自人性，但我們似乎在科技後忘了人性。

以消費者洞察為基礎的廣告，讓廣告回歸人性，回到瞭解人性的原點，精神分析學派的自我軌跡探索與理解，行為主義學派的環境外力操控與不可控，認知心理學派的人腦訊息的建構與解構，最後再回到人本主義學派的自我省思與環境共生共好追求。只要訊息露出就是廣告，廣告無孔不入，人也無所遁形。

第一節　廣告心理學地圖

本書整體架構援引博上富康方格，並以學派方式彙整普通心理學中最常見的學派概念，貫穿全書。主要目的希望透過實務界運用之工具，輔以學理基礎，讓廣告以洞察消費者關鍵全新出發。

FCB Grid（博上富康方格）與四大心理學派

精神分析學派中提及之投射技術作為消費者動機調查，其優點為可助行銷人員發展新的產品概念，創造新的廣告訴求和創意表現。而著名的FCB Grid所談及的理性和感性消費，高低涉入度消費者購買決策即為此理論的最佳延伸。

FCB Grid是1980年由博上富康廣告公司（Foote Cone & Belding）Richard Vaughn開發的工具，專用於描述消費者購買決策行為。主要概念根據消費者購買行為區分為高－低涉入度（high-low involvement）又稱關心度，以及理－感性（rational-emotional）四個向度，涉入度（關心度）是指購買次數，購買風險，價格；理感性消費則包含購買時間，購買前後心理歷程與決策等。

四向度區分四種型態消費者：情感型、習慣性衝動、充分情報與

自我滿足型（**圖10-1**）：

1.高涉入度－感性：情感型消費者，商品如高價位珠寶、化妝品、服飾等，購買決策多為先感覺，再學習，才行動（feel-learn-do, FLD）。廣告訊息策略著重品牌形象，通常會以代言人形象連結作為聯想。

2.低涉入度－理性：習慣性衝動購買型消費者，商品如一般家用品、清潔用品等，購買決策歷程是先買了再說，如果有促銷活動，通常引發衝動性更強，然後才在使用過程中學會產品功能與適用性，最後才去感受產品或品牌（do-learn-feel, DLF）。因此，廣告策略強調定位最重要，訊息設計強調回想，如製作POP（point of purchase，購買時點廣告）讓消費者在店頭或網路看到訊息立即反應。

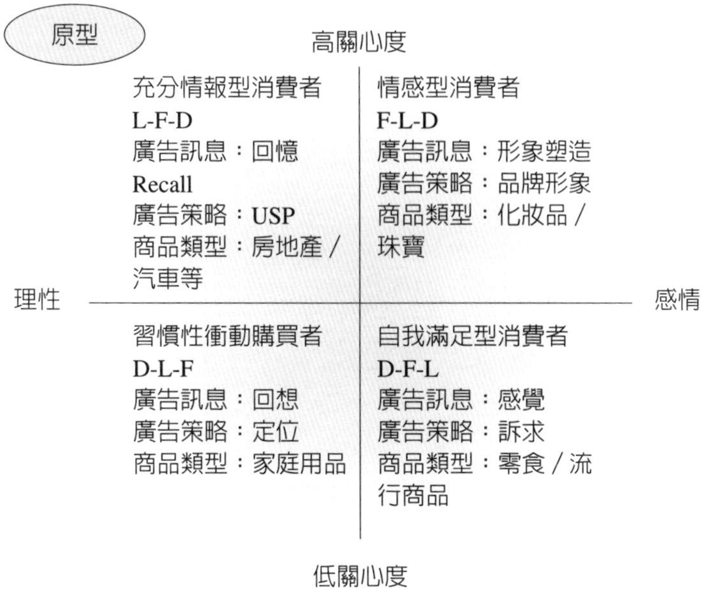

```
  ┌─────────┐
  │  原型   │                     高關心度
  └─────────┘
          充分情報型消費者      情感型消費者
          L-F-D                F-L-D
          廣告訊息：回憶        廣告訊息：形象塑造
          Recall               廣告策略：品牌形象
          廣告策略：USP         商品類型：化妝品／
          商品類型：房地產／    珠寶
          汽車等
 理性  ─────────────────────────────────────── 感情
          習慣性衝動購買者      自我滿足型消費者
          D-L-F                D-F-L
          廣告訊息：回想        廣告訊息：感覺
          廣告策略：定位        廣告策略：訴求
          商品類型：家庭用品    商品類型：零食／流
                               行商品

                      低關心度
```

圖10-1　FCB策略運用

3.高涉入度－理性：充分情報型消費者，商品如高價位房地產、汽車等，消費者購買決策當然是先審慎評估思考，收集情報，然後再感受品牌知名度或形象口碑，最後才會購買（learn-feel-do, LFD）。廣告策略一定要強調產品獨特點（unique selling point, USP），製作可供消費者長期回憶的廣告訊息為主，例如精緻優美的商品簡介，或品牌網頁和官網等。

4.低涉入度－感性：自我滿足型消費者，商品屬性多為流行性商品或是零食等，消費者追求只要我喜歡有什麼不可以的感覺，購買行為多是先買再感受，最後才學習（do-feel-learn, DFL）。廣告訊息應強化感性訴求，讓消費者透過購買的情感交流而產生短暫或立即的自我滿足。

另外，本書將四向度依照四個心理學派的特性，分別歸屬四個區間，以作為學理基礎（請試著回想前面章節所談的各學派內涵）（圖10-2）：

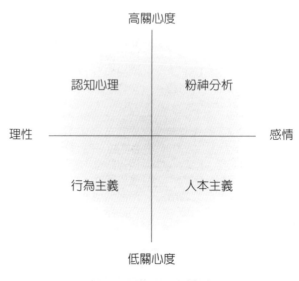

圖10-2　廣告心理學地圖

1. 精神分析學派的高涉入度－感性。用品牌形象催眠情感型消費者，讓消費者的合理化防衛機轉或是潛意識品牌感性與意識價格理性等促成購買行為。

2. 行為主義學派的低涉入度－理性。促銷訊息或容易產生立即聯想的品牌定位，刺激習慣性衝動購買的消費者，極易促使消費者對商品或品牌反射性的購買反應。

3. 認知心理學派的高涉入度－理性。長期的品牌訊息溝通對充分情報型消費者認知、情感與行動體驗是重要的。品牌認知歷程是理性意識的，同時也成就品牌忠誠。

4. 人本主義學派的低涉入度－感性。愛自己才有能力愛別人的人本正好是自我滿足的消費習性，消費者在消費裏自我認識、覺察、行動與實現。

FCB變型

　　策略與創意的差異在於，策略是可以執行的方法，作對的事，而創意是用最好的方法執行，把事作好。廣告講求策略先行（先作對），創意後援（才求好）。因此，上述FCB原型談的是基本策略，根據不同品類基本歸類於四個象限，便於我們找出正確操作執行的方法。但是，廣告行銷是變動的，市場是流動的，消費者是活動的，FCB變型可以適應不同的變化（**圖10-3**）。

1. 變型一，同品類不同品牌的競爭：同一個產品類別，有不同品牌互相競爭，各品牌為差異化以利區隔市場，採取四象限策略定位，例如汽車品類，雙B車（賓士和BMW）針對精神分析學派的情感型消費者，VOLVO則標榜最安全的車，訴求認知心理學的充分情報型消費者，Toyota的物超所值，基本上都以行為主

圖10-3　FCB變型策略

義學派的習慣性衝動消費者為主，而March汽車則討喜於人本主義學派的自我滿足消費者。品牌皆大歡喜，各心有所屬的消費者，一起作大市場規模。

2.變型二，生命週期的概念：消費者在產品導入期，需要充分情報以利購買，故認知心理學派是洞察消費者的基本。產品進入成長期，只要給一點促銷訊息，用行為主義學派刺激習慣衝動消費者，快速有效。成熟期產品與忠誠者溝通以精神分析學派的品牌意識強化認同，而以人本主義學派持續溝通品牌與自我的關聯性，相信產品應該不致進入衰退，更可能延續成熟生命期。

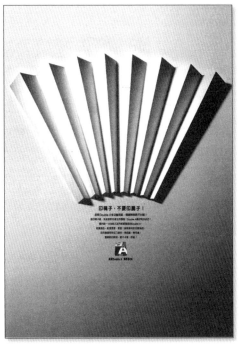

Double A影印紙──硬撕篇／散文篇／扇紙篇

資料來源：第二十五屆時報廣告金像獎平面得獎作品集

第二節　廣告行銷大補貼

　　綜合上述，策略的彈性變化形成好的創意溝通，輔以消費者為主的生命週期觀點，將豐富行銷的靈活作為。生命週期的觀點分為產品、消費者與家庭，並加入四大心理學理論之運用，形成學與術最佳策略大補貼。精準行銷的操作，在不同產品生命週期，消費者因商品屬性與個人生活型態轉變，消費決策自然有所不同，因此以不同心理學派理論深入瞭解消費者，是正中靶心的有效行銷法則（**圖10-4**）。

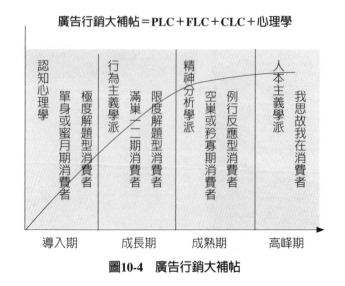

圖10-4　廣告行銷大補帖

產品生命週期（Product Life Cycle, PLC）

　　產品生命週期理論是美國哈佛大學教授雷蒙德‧弗農（Raymond

Vernon）1966年在其〈產品週期中的國際投資與國際貿易〉一文中首次提出，認為產品和人的生命一樣，要經歷形成、成長、成熟、衰退的週期。

產品生命周期是一個很重要的概念，和企業制定產品策略和行銷策略直接相關。管理者欲使商品有較長的銷售周期，以便有豐沛的利潤來補償推出產品時的風險，就應當以此理論制定策略。周期圖中橫軸是時間，縱軸是銷售量，代表商品隨著進入市場時間的不同，銷售量的變化，區分為四個時間，各代表不同內涵（**圖10-5**）。

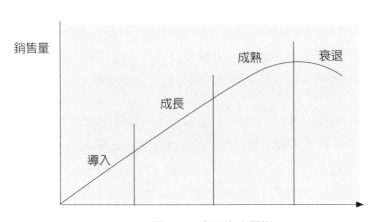

圖10-5　產品生命周期

1. 導入期：新產品剛進入市場，銷售量起步，競爭者少，但少為人知，故廣告行銷等費用較高，利潤無法產出。如在此時可以著力於差異化策略，開拓品類定位，強化消費者認知，心佔率（mind share）是目標，就能順利進入下一階段。

2. 成長期：競爭者加入，銷售量與利潤增加，廣告行銷策略應以銷售推廣為主，以市占率（market of share）為主要考量，期待消費者少買他牌、多買我牌為目標。

3. 成熟期：競爭白熱化，此時期呈現百分之八十的業績來自百分

之二十的顧客定律，即市場多由少數二到三個品牌寡佔，因此顧客佔有率（customer of share）是重要評估指標。如何催眠和強化忠誠是關鍵。

4. 衰退期：市場需求下降，銷售量和利潤不升反降的情勢，產品進入好死不如賴活著狀態時，就要評估是否自然淘汰離開市場或是透過品牌再造或回春，重新研究品牌戰略。

消費者生命週期（Consumer Life Cycle, CLC）

消費者購買行為簡單的定義是問題解決，行銷企劃就是思考如何解決問題，承上述FCB觀點，消費者因產品屬性不同、購買決策不同，理感性消費情況也不同。因此，區分為三種消費者：

1. 極度解題型消費者（extensive problem-solving, EPS）：需要有充分資訊才能下購買決策，尤其是高涉入度或是導入期新商品。
2. 限度解題型消費者（limited problem-solving, LPS）：只要有一點情報就可以下購買決策，尤其是成長期或低涉入型商品。
3. 例行反應型消費者（routine response behavior, RRB）：消費者對產品熟悉、習慣、信任或忠誠，選購時毫不猶豫例行反應，成熟期商品具有此特性。

家庭生命週期（Family Life Cycle, FLC）

家庭生命週期概念最初是美國人類學學者克里客（Paul C. Glick）於1947年首先提出來的。消費者隨著年齡的增長，對產品和服務的需求不斷地發生變化，對食品、衣著、家具、娛樂、教育等方面的消費會有明顯的年齡特徵。

　　消費行為理論，以家庭生命週期（**表10-1**）觀察消費變化是重要的，單身期（bachelors）的生活樣態是一人吃一人飽，一份開銷等，與蜜月期（honeymooner）的兩人吃兩人飽，一份開銷不同，所以消費習慣與標的不同，單飲食與家庭日用支出就有差異，共同特性就是娛樂或新產品嘗試的機會較高，導入期產品就可以針對此兩期消費者提供新資訊，吸引嘗新。而滿巢一二期（Full Nest I & II）分別是家庭有幼年和青年期孩子，前者支出大宗可能是奶粉、尿布或保母費等，後者則多為教育等，成長期產品策略以行為主義學派切入行銷活動，促購機率高。空巢期（empty nest I & II）和鰥寡期（widowers）消費者對成熟期產品的忠誠度高於其他時期，因為轉換使用成本高，精神分析學派的品牌形象與知名度聯想等催眠策略，讓例行反應的消費行為持續發功。

　　近年來，單身的家庭型態不僅於單身和鰥寡期，也出現於滿巢和空巢期，台灣超商紛紛推出「剪刀取代菜刀」的料理食品，貼近單身商機。

表10-1　家庭生命週期

類型	特徵
1.單身期B	青年，單身
2.蜜月期H	青年夫婦，無子女
3.滿巢一期FN	夫婦兩人（或單身），有幼年子女
4.滿巢二期FN	夫婦兩人（或單身），有青少年子女
5.空巢一期EN	熟年夫婦（或單身），子女多不同住或接近獨立
6.空巢二期EN	老年夫婦（或單身），子女獨立或接近獨立
7.鰥寡期	退休，單身

　　最後，綜合消費者導向之促銷活動設計（回溯第四章），依不同生命周期，對應行銷目標，完成促銷技術的執行（**表10-2**）。

表10-2 消費者導向之促銷活動

促銷技術	sample coupon advertising	price-offs bonus packs refunds & rebates	self-liquidating premiums contests & sweepstakes
行銷目標	1.招徠顧客 2.消費者試購	1.建立知名度 2.建立使用習慣	1.建立品牌忠誠 2.重複購買
PLC （產品）	導入期	成長期	成熟期
CLC （消費者）	EPS	LPS	RRB
FLC （生活型態）	Bachelorhood & Honeymooners	Full nest I & Full nest II	Empty nest & Retired

　　廣告行銷大補貼，幫助我們以行銷和消費者行為之生命週期理論、心理學基礎理論進行策略性思考。

Ford ESCAPE──爬牆篇

資料來源：第二十五屆時報廣告金像獎平面得獎作品集

參考書目

一、中文部分

丁瑞華（2014）。《品牌行銷與管理》。台北：普林斯頓。

王文科（1991）。《認知發展理論與教育：皮亞傑理論的應用》。台北：
五南。

王國芳、郭本禹（1997）。《拉岡》。台北：生智。

王元明（1990）。《佛洛姆人道主義精神分析學》。臺北市：遠流。

王育英、梁曉鶯譯（2001）。《體驗行銷》。台北：經典傳訊文化（原著
Bernd H. Schmitt.[2000]. *Experiential Marketing*）。

石安伶、李政忠（2014）。〈雙重消費、多重愉悅：小說改編電影之互文／
互媒愉悅經驗〉，《新聞學研究》，118：1-53。

林逸鑫（2008）。《圖解佛洛伊德與精神分析》。台北：易博士。

朱宜量（2016）。〈教義與教條：審視雜誌中化妝品廣告的美女創意〉，
《新聞學研究》，126：199-241。

譚躍、蕭蘋（2017）。〈男性氣概和運動：運動員模特兒在男性生活時尚
雜誌廣告中的形象分析〉，《傳播研究與實踐》，7(2)：179-201。

李美枝（2000）。《社會心理學》。臺北市：三民書局。

吳克振譯（2001）。《品牌管理》。台北：華泰（原著Keller, K. L. [1998].
Building, Measuring, and Managing Brand Equity）。

吳思華（1999）。《策略九說》。台北：臉譜。

吳信如譯（2005）。《故事，讓願景鮮活》。台北：商周（原著Loebbert,
M. [2003]. *Story Management*）。

吳翠珍（2003）。〈媒體素養教育教什麼？〉，《師友月刊》，436：17-
21。

杜聲鋒（1997）。《拉岡結構主義精神分析學》。台北市：遠流出版社。

陳智文譯（2004）。《說故事的力量：激勵、影響與說服的最佳工具》。

台北：臉譜（原著Simmons, A. [2001]. *The Story Factor: Inspiration, Influence and Persuasion through the Art of Storytelling*）。

陳正國譯（2004）。《瞭解庶民文化》。台北：萬象圖書（原著John Fiske[1993]. *Understanding Popular Culture*）。

許安琪（2017）。《整合行銷傳播》。台北：國立空中大學。

許晉福、戴至中、袁世珮譯（2002）。《很久很久以前：以神話原型打造深植人心的品牌》。台北：麥格羅希爾（原著Mark, M. & Pearson, C. S. [2001]. *Hero and the Outlaw: Building Extraordinary Brands through the Power of Archetypes*）。

楊振富（譯）（2008）。《好故事無往不利：創造行銷奇蹟的說服力》。台北：天下文化。

蔣韜譯(1997)。《導讀榮格》。台北：立緒（原著Hopcke, R. H. [1997]. *A Guided Tour of the Collected Works of C. G. Jung*）。

葉小燕譯（2014）。《被討厭的勇氣：自我啟發之父「阿德勒」的教導》。台北：究竟（原著岸見一郎，古賀史健. [1997]. 嫌われる勇気：自己啓発の源流「アドラー」の教え）。

張春興（1986）。《心理學》。台北市：東華書局。

翁秀琪（1995）。《大眾傳播理論與實證》。臺北市：三民書局。

蔡芳姿（2004）。《完形心理學群化原則應用於數位影像設計的創作研究》。國立台灣師範大學設計研究所。

黃光玉（2005）。〈說故事打造品牌：一個分析的架構〉。第十三屆中華名國廣告暨公共關係國際學術與實務研討會論文。

黃光玉（2006）。〈說故事打造品牌：一個分析的架構〉，《廣告學研究》，26：1-23。

黃冠華（2013）。〈幻想與旁觀他人之痛苦：媒體感官消費的精神分析考察〉，《新聞學研究》，113：91-126。

賴佩婷（2006）。《品牌故事及其結構與內容在不同商品類型下對廣告效果的影響》。國立台灣大學商學研究所碩士論文。

二、外文部分

Aaker, D. A.(1991). *Managing Brand Equity*. New York: Free Press.

Aaker, J. L. (1997). Dimensions of Brand Personality. *Journal of Marketing Research*, 34: 347-356.

Bell. C. (1992). *Ritual Theory, Ritual Practice*. Oxford University Press.

Brown, S. & Patterson, A. (2010). Selling stories: Harry Potter and the marketing plot. *Psychology & Marketing*, 27(6):541-556.

Bruner, J. (1986). *Actual Minds, Possible Worlds*. Harvard University Press.

Crook, S. (2000). Utopia and Dystopia. In Browning, G., Halcli, A. & Webster, F. (eds.), *Understanding Contemporary Society: Theories of the Present*. London: Sage Publications.

Dewhirst, T. & Davis, B. (2005). Brand strategy and integrated marketing communication (IMC). *Journal of Advertising*, 34(4): 81-92.

Duncan, T. R. (2002). *IMC: Using Advertising and Promotion to Build Brands*. McGraw-Hill.

Duncan, T. & Moriarty, S. E. (1998). A communication-based marketing model for managing relationships. *Journal of marketing*, 62: 1-13.

Escalas, J. E.(2004). Narrative processing: Building consumer connections to brands. *Journal of Consumer Psychology*, 14(1/2): 168-180.

Escalas, J. E. & Bettman, J. R. (2003). You are what they eat: The influence of reference groups on consumer connections to brand. *Journal of Consumer Psychology*, 13(3): 339-348.

Escalas, J. E. & Bettman, J. R. (2005). Self-construal, reference groups, and brand meaning. *Journal of Consumer Research*, 24: 343-373.

Fiske, J. (1989). Moments of television: Neither the text nor the audience.In Seiter E., Borchers, H., et al.,*Remote Control: Television, Audiences, and Cultural Power*. Routledge Library Editions: Television.

Fiske, J. (1993). *Television Culture*. Routledge.

Gergen, K. J. & Gergen, M. M. (1988). Narrative and the self as relationship. In:

Berkowitz, L. (Hg.): *Advances in Experimental Social Psychology* (Vol. 21). New York (Academic Press), 17-56.

Hirschman, E. C. (2000). Consumers' use of intertextuality and archetypes. *Advances in Consumer Research*, 27, 57-63.

Hirschman, E. C., & Holbrook, M. B. (1982). Hedonic Consumption: Emerging Concepts, Methods and Propositions. First Published July 1, 1982, Research Article, https://doi.org/10.1177/002224298204600314.

Holbrook, M. B. & Hirschman, E. C. (1982).The experiential aspects of consumption: Consumer fantasies, feelings, and fun. *Journal of Consumer Research*, 9(2): 132-140.

Holbrook, M. B. (2000). The Millennial Consumer in the Texts of Our Times: Experience and Entertainment. First Published December 1, 2000. https://doi.org/10.1177/0276146700202008.

Hopkinson, G. C. & Hogarth-Scott, S. (2001). What happened was···broadening the agenda for storied research. *Journal of Marketing Management*, 17: 27-47.

Keller, K. L. (1998). *Strategic Brand Management: Building, Measuring and Managing Brand Equity*. Prentice Hall.

Keller, K. L. (2009). Building strong brands in a modern marketing communications environment. *Journal of Marketing Communications*, 15(2/3): 139-155.

Krugman, H. E. (1972). Why Three Exposures May be Enough. *Journal of Advertising Research*, 12: 11-14.

Lindstrom, M. (2005). Broad sensory branding. *The Journal of Product and Brand Management*, 14(2/3): 84-87.

Lindstrom, M. (2005). *Brand Sense: How to Build Powerful Brands through Touch, Taste, Smell, Sight, and Sound*. Simon & Schuster: Free Press.

Loebbert, M. (2003). *Storymanagement: Der narrative Ansatz für Management und Beratung*. Stuttgart, German: Klett-Cotta.

Rosenberg, M. J. & Hovland, C. I. (1960). Attitude organization and change. New

Haven: Yale University Press, 1-14.

Resources: http://www.worldcat.org/title/attitude-organization-and-change-an-analysis-of-consistency-among-attitude-components-by-milton-j-rosenberg-and-others/o clc/224938.

Schiffman, L. G. & Kanuk, L. L. (1978). *Consumer Behavior*. Prentice-Hall.

Spink, J. H. & Levy, M. M. (2002). Using archetypes to build stronger brands. December 31, 2004, from World Advertising Research Center, Web Site: http:// www.livingbrands.co.uk/Assests/Aticies/Brand%2520Archetyping%2520.

Sneath, J. Z., Finney, R. Z. & Close, A. G. (2005). An IMC Approach to event marketing: The effects of sponsorship and experience on customer attitudes. *Journal of Advertising Research*, 45: 373-381.

Thomas, G. M. (2006). Building the buzz in the hive mind. *Journal of Consumer Behavior*, 4(1): 64-72.

Varadarajan, R. R. (1986). Horizontal Cooperative Sales Promotion: A Framework for Classification and Additional Perspectives. First Published April 1, 1986. https://doi.org/10.1177/002224298605000205.

Varadarajan, R. R. & Menon, A. (1988). Cause-Related Marketing: A Coalignment of Marketing Strategy and Corporate Philanthropy. First Published July 1, 1988. https://doi.org/10.1177/002224298805200306.

Woodside, A, G. (2010). Brand-consumer storytelling theory and research: Introduction to a psychology and marketing special issue. *Psychology & Marketing*, 27(6): 531-540 (June 2010).

國家圖書館出版品預行編目（CIP）資料

廣告心理學：消費者洞察觀點　＝　The
psychology of advertising / 許安琪著. -- 初
版. -- 新北市：揚智文化, 2020.09
　　面；　公分. --（廣告公關系列）

ISBN 978-986-298-354-6（平裝）

1.廣告心理學 2.消費心理學

497.1   109013169

廣告公關系列

廣告心理學——消費者洞察觀點

作　　者 / 許安琪
出 版 者 / 揚智文化事業股份有限公司
發 行 人 / 葉忠賢
總 編 輯 / 閻富萍
地　　址 / 22204 新北市深坑區北深路三段 258 號 8 樓
電　　話 / 02-8662-6826
傳　　真 / 02-2664-7633
網　　址 / http://www.ycrc.com.tw
E-mail　/ service@ycrc.com.tw
I S B N　/ 978-986-298-354-6
初版一刷 / 2020 年 9 月
定　　價 / 新台幣 350 元

＊本書如有缺頁、破損、裝訂錯誤，請寄回更換＊